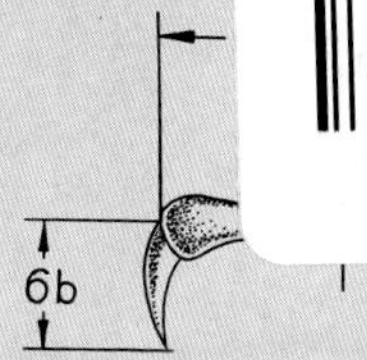

6a Daumenlänge

6b Länge der Daumenkralle

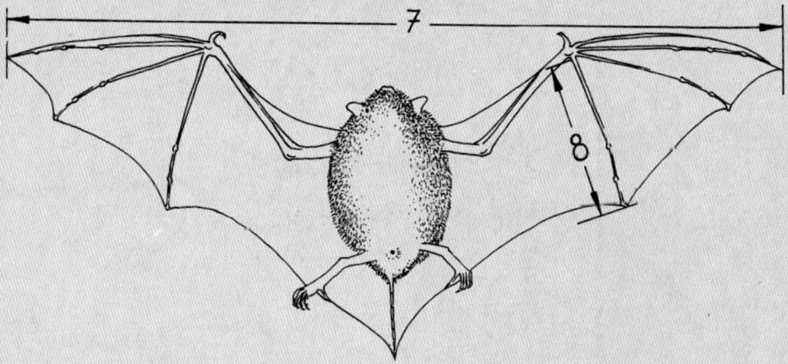

7 Spannweite

8 Länge des V. Fingers (richtiger: Länge des V. Mittelhandknochens und des V. Fingers)

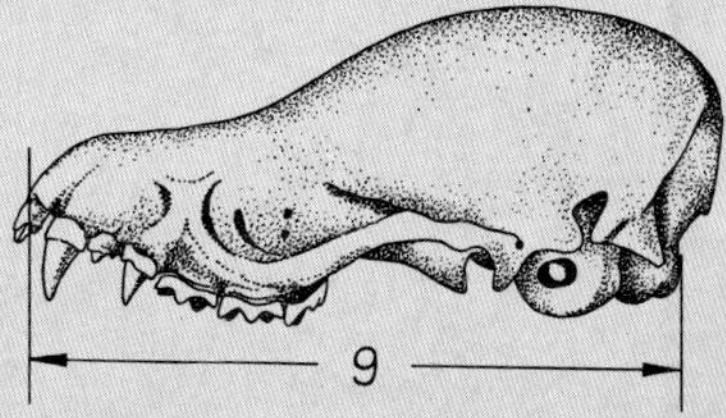

9 Condylobasallänge

kosmos Naturführer

Wilfried Schober
Eckard Grimmberger

Die Fledermäuse Europas

kennen – bestimmen – schützen

Kosmos · Gesellschaft der Naturfreunde
Franckh'sche Verlagshandlung
Stuttgart

Mit 97 Farbfotos von A. Benk (2), J. Červený (2), J. Gebhard (2), E. Grimmberger (79), K. G. Heller (2), O. v. Helversen (2), A. Limbrunner (2), P. Morris (1), D. Nill (3), G. Storch (1), M. D. Tuttle (1), 73 Schwarzweiß-Aufnahmen von J. Červený (1), J. Gebhard (2), E. Grimmberger (66), H. Hackethal (3). O. v. Helversen (1), 29 Schwarzweißzeichnungen von T. Schneehagen und 20 Sonagrammen.

Umschlaggestaltung Kaselow Design, München, unter Verwendung einer Aufnahme von D. Nill.
Das Bild zeigt eine Bechsteinfledermaus.

CIP-Kurztitelaufnahme der Deutschen Bibliothek

Schober, Wilfried:
Die Fledermäuse Europas : kennen – bestimmen – schützen / Wilfried Schober ; Eckard Grimmberger. – Stuttgart : Franckh, 1987.
(Kosmos-Naturführer)
ISBN 3-440-05796-8
NE: Grimmberger, Eckard:

A ma petite Coralie, à mon retour de Hambourg le 5 février 88 Papa

Franckh'sche Verlagshandlung, W. Keller & Co., Stuttgart/1987

Printed in Germany / Imprimé en Allemagne
LH 14 os/ISBN 3-440-05796-8
Satz: G. Müller, Heilbronn
Reproduktionen:
Gerold Schmid, Stuttgart
Druck und Buchbinder: Neue Stalling GmbH & Co. KG., Oldenburg

Bild Seite 2/3: Langohr beim Beutefang.
Bild Seite 6/7: Zwergfledermaus in alter Buntspechthöhle.
Bild Seite 80/81: Kleine Hufeisennase im Winterquartier.
Bild Seite 184/185: Mausohrkolonie.

Fotonachweis:
A. Benk (S. 26, 48), J. Červený (S. 164, 182 oben), J. Gebhard (S. 162 unten, 165), K. G. Heller (S. 99, 182 unten), O. v. Helversen (S. 142, 162 oben), A. Limbrunner (S. 6/7, 80/81), P. Morris (S. 14), D. Nill (S. 2/3, 32, 184/185), G. Storch (15), M. D. Tuttle (S. 13). Alle anderen Aufnahmen E. Grimmberger.

Vorwort

Fledermäuse und Flughunde besiedeln in etwa 900 verschiedenen Arten die Erde. Ihr Hauptverbreitungsgebiet sind die warmen Regionen. Daher kommen in Europa nur 30 Arten vor. Noch immer wissen nur wenige Menschen etwas Genaueres über diese seltsamen Geschöpfe, die lautlos durch die Nacht huschen, mit den Ohren „sehen", mit den „Händen" fliegen und sich zum Schlafen mit den Zehen ihrer Hinterfüße aufhängen. In der Kulturgeschichte finden sich die absurdesten Berichte über diese Säugetiere, und noch heute nutzen die verschiedensten Medien die „Vampire", um den Menschen das Fürchten zu lehren.
Sicherlich tragen die vielen Besonderheiten im Leben der Fledermäuse dazu bei, daß sie so mit Vorurteilen bedacht, verschmäht oder sogar vernichtet wurden und noch werden. Doch nicht Aberglaube und Furcht des Menschen sind es, die heute die Bestände dieser Tiere bedrohen, sondern die fortschreitende Zivilisation und Industrialisierung bewirken, daß die Existenz der Fledermäuse immer stärker gefährdet ist. Es ist daher dringend geboten, sich für die Erhaltung dieser nützlichen Tiere besonders einzusetzen.
Eine Beschäftigung mit den Fledermäusen setzt die Kenntnis der einzelnen Arten voraus. Obwohl die Zahl der in Europa vorkommenden Arten gering erscheint, ist ihre Unterscheidung für den Laien und bei mancher Art selbst für den Fachmann nicht immer leicht. Da nur wenig allgemeinverständliche Literatur dem Interessierten zur Verfügung steht, möchten wir mit diesem Buch einem breiten Leserkreis einerseits einen Einblick geben in die faszinierenden Ergebnisse der modernen Fledermausforschung und zum anderen die europäischen Arten in Wort und Bild vorstellen. Ein Bestimmungsschlüssel soll schließlich helfen, die gefundenen Arten zu erkennen.

Es ist uns ein besonderes Anliegen, allen Freunden und Kollegen für ihren fachlichen Rat, die Bereitstellung von Bildern, Literatur und Sammlungsmaterial sowie ihre Unterstützung bei vielen, zum Teil gemeinsamen Exkursionen herzlich zu danken. Besonderer Dank gilt Doz. Dr. J. Gaisler (Brno), Doz. Dr. H. Hackethal (Berlin), Prof. Dr. v. Helversen, Dr. K. Heller und R. Weid (Erlangen), weiterhin RNDr. Zd. Bauerová (Brno), Studienrat A. Benk (Hannover), M. Bogdanowicz (Bialowieza), Ing. J. Červený (Prag), B. Evtimov (Peštera), J. Gebhard (Basel), Dr. J. Haensel (Berlin), G. Heise (Prenzlau), Dr. U. Jüdes (Kiel), M. Masing (Tartu), W. Oldenburg (Waren), Zb. Urbańczyk (Poznán), Prof. Dr. Y. Tupinier (Caluire), M. Wilhelm (Dresden).
Ganz herzlich möchten wir auch Frau T. Schneehagen (Leipzig) danken, die mit großem Können die Zeichnungen anfertigte.

Wilfried Schober
Eckhard Grimmberger

Inhalt

Vom Leben der Fledermäuse

Fledermäuse – Vampire, Teufel oder Gottheiten?

Fledermäuse rufen auch heute noch in unserer modernen und aufgeklärten Welt Furcht, Schrecken oder Abscheu hervor. Sucht man nach den Ursachen dafür, so zeigt sich, daß nur wenige Menschen etwas Genaueres über das Aussehen und die Lebensweise dieser Tiere wissen. Wie alle Nachttiere, zum Beispiel die Eulen, haben auch sie seit alters her die Phantasie der Menschen beschäftigt. Über Jahrhunderte hinweg wurde ihnen vielerorts eine negative Rolle zugedacht. So schrieb schon im alten Rom DIVUS BASILIUS: „Die Natur der Fledermaus ist mit der des Teufels blutsverwandt." Auch im Barock galt die Fledermaus als Symbol des Antichrist, also des Teufels. Die christliche Kunst stellt daher häufig den Teufel und seine höllische Gefolgschaft mit Fledermausflügeln dar, wogegen die Engel Vogelflügel haben.
Der spanische Maler GOYA benutzte Fledermäuse als Symbol des Bedrohlichen und der Unvernunft. Heute noch geistert Graf Dracula in Gestalt eines blutsaugenden Vampirs durch Film und Fernsehen.
Fledermäusen wurden und werden übersinnliche Kräfte zugemessen. Sie waren bei den Medizinmännern verschiedener Naturvölker Bestandteile von Amuletten. In den Büchern alter arabischer Ärzte findet man zahlreiche Rezepturen, in denen ganze Fledermäuse oder Teile von ihnen Verwendung finden, aber auch in den europäischen mittelalterlichen „Dreckapotheken" waren sie häufig Bestandteil der „Arzeneien". In Indien werden noch heute auf den Basaren lebende Flughunde für medizinische Zwecke angeboten. Ihre Haut wird abgezogen und frisch auf kranke Körperteile gelegt.
Da bis vor etwa 50 Jahren niemand etwas von der Orientierung der Fledermäuse mittels Ultraschall wußte, nahm man an, daß die Fledermäuse bei Nacht sehen können. Auch daraus wurden medizinische Empfehlungen abgeleitet, wie sie bei ALBERTUS MAGNUS (13. Jh.) in seinem Buch „Die Wunder der Welt" zu lesen sind: „Wenn sie etwas in tiefer Nacht sehen möchten und nichts mehr als am Tage vor ihnen verborgen bleiben soll, dann salben sie ihr Gesicht mit dem Blut einer Fledermaus und alles wird sich so ereignen, wie ich es gesagt habe."
Das Flugvermögen der Fledermäuse hat dazu geführt, daß sie über Jahrtausende hinweg nicht als Säugetiere, sondern als Vögel angesehen wurden. In der Bibel (3. Buch Mose, Kap. 11, 18) werden die Gläubigen wie folgt ermahnt: „... Und dies sollt ihr scheuen unter den Vögeln, daß ihr's nicht esset: den Adler, den Habicht, den Fischaar ... den Uhu, die Fledermaus." Fledermäuse werden also den „unreinen" Vögeln zugeordnet, deren Genuß verboten ist.

In der christlichen Kunst werden Teufel mit Fledermausflügeln dargestellt (Rila-Kloster, Bulgarien).

Aufgeklärte Menschen, wie der geniale Maler und Wissenschaftler LEONARDO DA VINCI, sahen die Fledermäuse dagegen mit anderen Augen. Bei den Konstruktionsplänen für seine Flugmaschine wies er darauf hin, daß der Fledermausflügel als Vorbild zu dienen habe. Eine seiner Konstruktionszeichnungen zeigt deutlich, daß die Flügel in ihrer Form und mit ihren wie Finger wirkenden Streben an Fledermausflügel erinnern.

Städte, wie zum Beispiel das spanische Valencia, fanden Fledermäuse für würdig, in ihr Wappen aufgenommen zu werden. Kurfürst FRIEDRICH DER WEISE VON KURSACHSEN verlieh dem Maler LUCAS CRANACH D. Ä. einen Wappenbrief und damit das Recht, „... ein gelen Schild, darinnen einc schwarze Schlange, habend in der Mitte zwei schwarze Fledermausflügel ...“ als Wappen zu führen.

Außerhalb Europas hatten Fledermäuse für die Menschen oft eine ganz andere, wesentlich positivere Bedeutung: In den alten Kulturen Mittelamerikas spielten die Fledermäuse in der Religionsgeschichte eine wichtige Rolle. Eine der Gottheiten der Mayas wurde als Mensch mit ausgebreiteten Fledermausflügeln und Fledermauskopf dargestellt. Abbilder desselben findet man auf Steinsäulen und Tongefäßen, die in der Umgebung von 2000 Jahre alten Tempeln ausgegraben wurden. Auch

Medaillon auf einer chinesischen Robe aus dem 18. Jahrhundert. Es zeigt eine ornamentale Gestaltung, in der 5 Fledermäuse einen Lebensbaum umringen. Sie verkörpern die Begriffe: langes Leben, Reichtum, Gesundheit, Glück und leichter Tod.

in der Bilderschrift der Mayas ist die Hieroglyphe für die Fledermaus häufig. In China und Japan waren und sind Fledermäuse ein Glückssymbol. Das chinesische Wort „fu" bedeutet sowohl Fledermaus als auch Glück. Ein weit verbreiteter Talisman ist eine Art Münze, die einen Baum mit Wurzeln und Ästen als das Symbol des Lebens zeigt. Fünf Fledermäuse („wu fu") umspannen ihn mit ihren Flügeln. Dem Träger des Talisman verheißen sie ein langes Leben, Reichtum, Gesundheit, Glück und einen leichten Tod.

In der heutigen Zeit erfreuen sich die Fledermäuse eines langsam zunehmenden wohlwollenden Interesses. Bei vielen Menschen herrschen aber immer noch Abneigung oder Gleichgültigkeit vor. Die unbegründete Furcht, Fledermäuse könnten den Frauen in die Haare fliegen, ist nicht auszurotten. Nach wie vor werden Fledermäuse erschlagen, vergiftet oder ausgeräuchert. Dies zeigt, wie wenig immer noch darüber bekannt ist, daß Fledermäuse harmlose und als „biologische Schädlingsbekämpfer" sogar sehr nützliche Tiere sind. Sie verfügen über viele in der Tierwelt einmalige Fähigkeiten und Eigenschaften: So können sie als einzige Säugetiere aktiv fliegen und benutzen dazu ihre „Hände". Sie „sehen" mit den Ohren, hängen sich kopfunter an den Krallen der Hinterfüße zum Schlafen auf und können, im Vergleich zu anderen kleinen Säugetieren, das wahrhaft biblische Alter von 30 Jahren erreichen. Seit etwa 50 Millionen Jahren bewohnen Fledermäuse

die Erde. Sie haben in dieser Zeit viele ökologische Nischen erobert und konnten sich ungestört entfalten. Doch in den letzten 40 Jahren hat der Mensch, besonders in den hochindustrialisierten Ländern, durch eine immer stärkere Veränderung der Umwelt bedrohlich auf den Fortbestand vieler Pflanzen- und Tierarten, besonders auch unserer Fledermäuse, eingewirkt.
Um zu erreichen, daß interessierte und aufgeklärte Bevölkerungsgruppen sich in breitem Maße mit für die Erhaltung dieser liebenswerten und nützlichen Tiere einsetzen, ist eine intensivere Beschäftigung mit den europäischen Fledermäusen von großer Bedeutung.

50 Millionen Jahre auf der Erde

In dem Buch „Historia Animalium", das der im 16. Jahrhundert in Zürich lebende Naturforscher KONRAD GESNER verfaßte, ist zu lesen: „Die Fledermauß ist ein Mittelthier zwischen dem Vogel und der Mauß, also daß man sie billich eine fliegende Mauß nennen kann, wiewohl ist weder unter die Vögel noch unter die Mäuß kann gezehlet werden, dieweil sie beyder Gestalt an sich hat."
Es hat lange gedauert, bis die Fledermäuse ihren wissenschaftlich begründeten Platz im Tierreich zugewiesen bekamen. Bei flüchtiger Betrachtung findet man verschiedene Merkmale, die für Fledermäuse und Mäuse gleichermaßen zutreffen. Gerade bei vielen europäischen Arten sind Körpergröße, Fellfarbe oder Ohrform denen der Mäuse sehr ähnlich. Der Vergleich mit den Mäusen, der sich immer wieder aufdrängt, spiegelt sich auch in der Namensgebung wider: zum Beispiel Große Mausohrfledermaus (*Myotis myotis*) oder im Französischen „Chauve-souris" (nackte Maus).
Fledermäuse sind aber eben keine fliegenden Mäuse, sondern eine eigenständige Ordnung innerhalb der Säugetiere, die den wissenschaftlichen Namen Chiroptera (Handflügler) erhalten hat. Wichtigstes gemeinsames Merkmal dieser nach den Nagetieren artenreichsten Säugetierordnung ist die Umbildung der Vorderextremitäten zu einem Flugorgan.
Vor etwa 250 Jahren begann der Schwede CARL VON LINNÉ als erster mit einer für die damalige Zeit übersichtlichen Zusammenstellung der Tiere, Pflanzen und Steine. Ausgehend von dem Begriff der „Art" ordnete er in seinem Werk „Systema naturae" (1735) alle Lebewesen nach ihren vermuteten verwandtschaftlichen Beziehungen ein.

LINNÉ, der damals nur sechs Fledermausarten kannte, davon zwei aus Europa, stellte diese anfangs zu den Raubtieren, da er sich von Merkmalen des Gebisses leiten ließ. Da ständig neue Kriterien bekannt wurden, überrascht es uns nicht, daß LINNÉ 30 Jahre später die Fledermäuse in die Verwandtschaft der Affen einordnete, wobei er davon ausging, daß die bruständigen Milchdrüsen ein wichtiges Merkmal seien. Ausgedehnte Sammelreisen, die in den folgenden 100 Jahren durchgeführt wurden, bereicherten die Artenerkenntnisse enorm. Daher erwähnt der Zoologe KOCH 1865 in seiner Arbeit „Das Wesentliche der Chiropteren mit besonderer Beschreibung der in dem Herzogthum Nassau und den angränzenden Landestheilen vorkommenden Fledermäuse" bereits über 300 Arten.

Die Entdeckung und Beschreibung neuer Arten ist bis heute nicht zum Stillstand gekommen. Besonderes Aufsehen erregte vor etwa 15 Jahren die Entdekkung einer neuen Fledermausart, die gleichzeitig einzige Angehörige einer eigenen neuen Fledermausfamilie ist. Diese Tiere mit dem komplizierten wissenschaftlichen Namen *Craseonycteris thonglongyai* sind mit einem Gewicht von etwa zwei Gramm und einer Kopf-Rumpf-Länge von 29 bis 33 mm neben der Etruskerspitzmaus (*Suncus etruscus*) die kleinsten Säugetiere der Welt. Manche Insekten, zum Beispiel unser einheimischer Hirschkäfer (*Lucanus cervus*), bei dem die Männchen bis zu 80 mm lang werden, sind deutlich größer und schwerer. Der größte Vertreter der Ordnung der Fledermäuse ist der zur Unterordnung der Flughunde gehörende fruchtfressende Kalong (*Pteropus vampyrus*), der mit einer Flügelspannweite bis zu 1,70 m und einem Gewicht von 900 Gramm schon eine recht stattliche Erscheinung darstellt. Unter den europäischen Arten stellen Zwergfledermaus (Gewicht 3 bis 8 Gramm, Spannweite um 20 cm) und das Große Mausohr (Gewicht 20 bis 40 Gramm, Spannweite bis 41 cm) die Extreme dar.

Nur der seltene Riesenabendsegler übertrifft das Mausohr noch an Größe (Gewicht 41 bis 76 Gramm, Spannweite 41 bis 46 cm). Die Entwicklung dieser Säugetierordnung, die sich über Jahrmillionen hingezogen hat, führte zu einer gewaltigen Formenvielfalt. Über die Zahl der gegenwärtig die Erde bewohnenden Fledermausarten sind sich die Wissenschaftler nicht einig, die Angaben schwanken zwischen 800 und 950 Arten.

Der Hauptgrund für diesen Artenreichtum ist wohl in erster Linie im Erwerb des Flugvermögens zu suchen. Dasselbe läßt sich auch für die Vögel und die Insekten feststellen. Durch ihre fast ausschließlich nächtliche Lebensweise und die Beherrschung des Luftraumes war es den Fledermäusen jedoch möglich, sich Lebensräume und Nahrungsquellen (ökologische Nischen) zu erschließen, die den anderen vorwiegend bodenbewohnenden Säugetieren oder den überwiegend tagaktiven Vögeln nicht zugänglich waren.

Alle in Europa lebenden Fledermausarten ernähren sich von Insekten. Sie starten in der Regel erst in der Dämmerung oder in der Nacht zu ihrem Jagdflug. Unter den einheimischen insek-

Vampirfledermaus (Desmodus rotundus).

tenfressenden Vögeln sucht nur die Nachtschwalbe (*Caprimulgus*), auch Ziegenmelker genannt, in der Dämmerung nach Insektennahrung.
Das Nahrungsspektrum der tropischen Fledermausarten ist wesentlich vielseitiger: So gibt es fruchtfressende Arten und „Blumenfledermäuse", die sich von Blütenstaub ernähren und dadurch zur Befruchtung der Blüten beitragen; einige Arten haben sich auf den Fang kleinerer Fledermäuse, Mäuse und anderen Getiers spezialisiert, und es gibt Arten, die sich von Fischen oder Fröschen ernähren.
Weithin bekannt sind zumindest ihrem Namen nach die in Mittel- und Südamerika lebenden Vampirfledermäuse, deren bekanntester Vertreter die Art *Desmodus rotundus* ist. Sie bringen Haustieren, aber auch den Menschen mit ihren scharfen Zähnen eine kleine Hautverletzung bei und lecken dann das austretende Blut auf. Der Blutverlust selbst ist gering und in der Regel harmlos, allerdings können Vampire durch die Übertragung der Tollwut und anderer Krankheiten gefährlich werden.
Die meisten der genannten Nahrungsspezialisten sind ebenfalls nachtaktiv und weichen so Konkurrenten und Feinden aus. Es gibt auch Fledermäuse, die am Tage nach Insekten jagen, zum Beispiel die afrikanische Großblattnase (*Lavia frons*).
Die Chiroptera werden von den Systematikern in 18 Familien

eingeteilt (siehe Tabelle 2, Seite 214). Manche Familie umfaßt nur eine Art, wogegen zur Familie der Glattnasen etwa 320 Arten gehören. Generell können die Fledermäuse in zwei große Unterordnungen unterteilt werden. Die erste umfaßt die Megachiroptera, vorwiegend große Formen, die unter dem Namen „Flughund“ oder „Flugfuchs“ bekannt sind. Bisher wurden ca. 175 Arten beschrieben, die die Tropen und Subtropen der alten Welt besiedeln. Die zweite Unterordnung bilden die Microchiroptera, überwiegend kleine Formen, die allgemein als „Fledermäuse“ bekannt sind.

Die Vorfahren der Fledermäuse waren vierfüßige Säugetiere –

Flughund (Rousettus stresemanni). Die großen Augen sprechen für ein gutes Dämmerungssehen der Megachiroptera.

Fossile Fledermaus (Archaeonycteris trigonodon) aus der Ölschiefergrube Messel bei Darmstadt. Das Alter der Fossilien von Messel wird auf 50 Millionen Jahre datiert. Der Fund befindet sich im Senckenberg-Museum in Frankfurt.

der Besitz des Flugorgans ist ein sekundärer Erwerb. Unter den heute lebenden Säugetieren kommt keine Art als Vorfahre der Fledermäuse in Betracht, auch nicht unter denen, die sich zum „Gleitflieger“ spezialisiert haben. In welchen Etappen und über welche Entwicklungsschritte die Fledermäuse sich zu aktiven Fliegern entwickelt haben, ist bis heute ungeklärt. Man muß weit zurückgehen in der Erdgeschichte, wenn man etwas darüber erfahren will, wie die Vorfahren ausgesehen haben könnten. Wie fossile Funde, zum Beispiel aus der Ölschiefergrube Messel bei Darmstadt, belegen, lebten bereits vor 50 Millionen Jahren Fledermäuse in der Gestalt, wie sie auch heute noch anzutreffen sind. An den Fossilien durchgeführte Untersuchungen zum Bau von Innenohr und Kehlkopf wiesen nach, daß Fledermäuse sich bereits damals mit Hilfe von Ultraschall orientierten. Die Fledermäuse sind also eine sehr alte, jedoch hochspezialisierte Säugetierordnung.

Als primitivste plazentale Säugetiere betrachten wir die Insektenfresser wie Igel oder Spitzmaus. Ihre Vorfahren können auch als Vorfahren der anderen plazentalen Säugetiere angesehen werden. Es ist daher sehr wahrscheinlich, daß sich die Fledermäuse aus baumbewohnenden Ur-Insektenfressern entwickelt haben. Der deutsche Name Fledermaus ist also irreführend. Es dürfte aber kaum möglich sein, die im Sprachgebrauch und der Literatur verwurzelten Bezeichnungen durch fachlich richtigere, wie „Handflügler" oder „Fledertiere", dauerhaft zu ersetzen.

Abgesehen vom Flugvermögen und von später erworbenen Anpassungen an neue Lebensräume oder neue Nahrungsquellen zeigen viele Fledermausarten noch recht ursprüngliche Merkmale, zum Beispiel im Schädelbau, in der Gebißform, im Darmsystem oder im Grad der Hirnentwicklung. Von besonderer Bedeutung war für die Microchiroptera der Ausbau des Ultraschall-Orientierungssystems.

Sie fliegen mit den Händen

Die Eroberung des Luftraumes war den Fledermäusen durch die Umbildung von Arm und Hand zum Flugorgan möglich. Der verlängerte Unterarm besteht bei ihnen nur aus der kräftigen Speiche (Radius), die Elle (Ulna) hat sich zurückgebildet. Erheblich verlängert sind auch der 2. bis 5. Mittelhandknochen und die mit diesen gelenkig verbundenen Finger. Der 2. Finger besteht nur aus einem Glied, der 3. aus drei Gliedern, 4. und 5. Finger haben zwei Glieder. Die knorpeligen Spitzen der Finger enden T-förmig am Flughautrand. Der Daumen hat seine normale Form behalten und ist kurz geblieben. Er trägt eine scharfe Kralle, mit deren Hilfe die Fledermäuse sehr gut klettern und hangeln können. Bei den meisten Flughunden trägt auch der 2. Finger eine kleine Kralle, die aber weitgehend funktionslos ist.

Die Flughaut (Patagium) spannt sich von der Körperseite sowohl zwischen den Fingern als auch zwischen den Extremitäten bis hin zum Schwanz aus.

Bei den meisten europäischen Fledermäusen ist der Schwanz fast völlig in die Flughaut einbezogen. Eine Ausnahme bildet die Europäische Bulldoggfledermaus, bei der der Schwanz größtenteils frei ist. Die Hufeisennasen haben im Vergleich zu den Glattnasen einen kürzeren Schwanz, den sie in Ruhe auf den Rücken schlagen, Glattnasen schlagen den Schwanz dagegen zum Bauch hin ein, die Bulldoggfledermaus hält ihn meist ausgestreckt.

Darstellung des Flugorgans einer Fledermaus

Skelett- und Flughautanteile: ***1*** *Oberarm,* ***2*** *Unterarm,* ***3*** *Daumen,* ***4*** *Mittelhandknochen (m^1, m^2, m^3, m^4, m^5),* ***5*** *Fingerglieder,* ***6*** *Oberschenkel,* ***7*** *Unterschenkel,* ***8*** *Hinterfuß,* ***9*** *Sporn (ohne Epiblema),* ***10*** *Vorderflughaut (Propatagium),* ***11*** *Armflughaut (Plagiopatagium),* ***12*** *Fingerflughaut (Chiro- oder Dactylopatagium),* ***13*** *Schwanzflughaut (Uropatagium),* ***14*** *Ohrdeckel (Tragus),* ***15*** *Sporn mit Epiblema und Steg.*

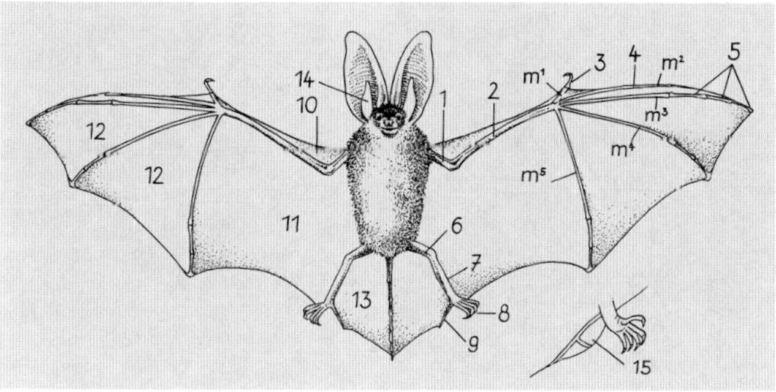

Skelett einer Mausohr-Fledermaus (in Anlehnung an Grassé, 1955).

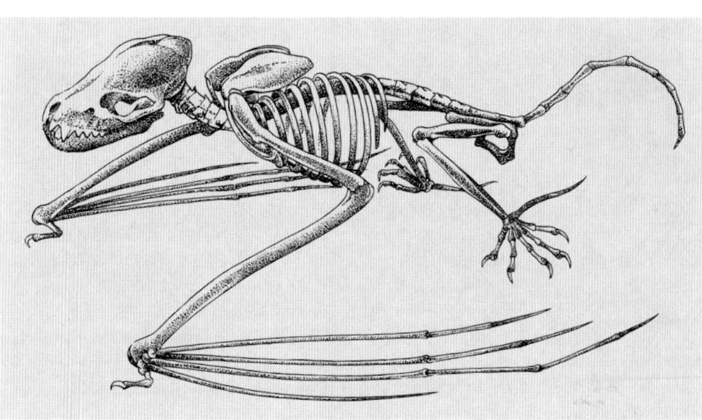

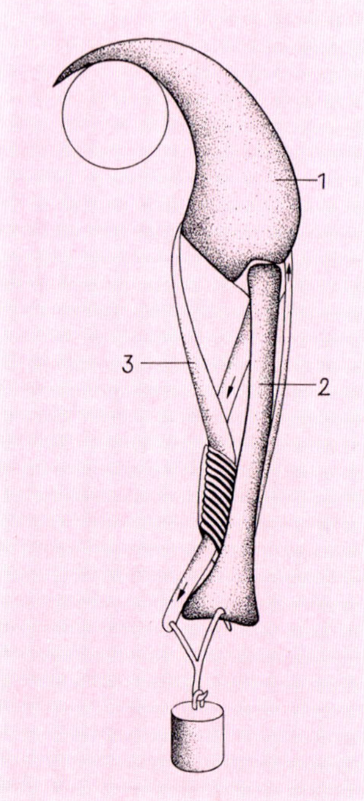

Darstellung, wie das Gewicht des Tieres über eine Sehne die Krümmung der Krallen der Hinterfüße bewirkt. Dadurch erfolgt eine „passive" Fixierung der Tiere an einem Vorsprung oder Ast in der Ruhephase (nach SCHAFFER, 1905).
***1** Kralle, **2** Zehenknochen, **3** Sehne*

Der Schwanzflughautrand wird zusätzlich durch einen am Fußgelenk ansetzenden knöchernen Sporn versteift und gestützt. Je nach Flugmanöver und Spannung der Schwanzflughaut liegt der Sporn entweder seitlich dem Fuß an oder ist von diesem abgespreizt. Bei einigen Gattungen, zum Beispiel *Nyctalus*, befindet sich am Sporn noch ein steifer Hautlappen (Epiblema), der in der Mitte durch ein vom Sporn ausgehendes T-förmiges Knorpelstück (Steg) gestützt wird.
Die Hinterbeine der Fledermäuse haben mehrere Funktionen. Sie sind meist bis zum Fuß in die Flughaut mit einbezogen. Mit Hilfe der Beine wird im Flug die Schwanzflughaut gespreizt oder zusammengefaltet. Die Krallen der Hinterfüße dienen in der Ruhephase zum Aufhängen. Durch eine Drehung des Beines im Kniegelenk nach oben und außen zeigt der Fuß mit seinen Krallen nach hinten und nicht, wie bei den anderen Säugetieren, nach vorn. Dadurch ist das Aufhängen an den Wänden möglich. Ein besonderer Sperrmechanismus sorgt dafür, daß sich die Krallen auch ohne Muskelanspannung nicht lösen, selbst tote Tiere bleiben daher hängen.
Die Glattnasen und die Bulldoggfledermäuse falten in der Ruhephase die Flügel so zusammen, daß die Flughäute kaum noch sichtbar sind. Die Flügellänge wird bei den meisten Glattnasen dadurch verkürzt, daß sie den 3. bis 5. Finger im Grundgelenk um 180 Grad beugen und an die Mittelhandknochen anlegen. Aufgestützt auf das Handgelenk und den Daumen sowie auf die nach hinten zeigenden Füße können die Glattnasenfledermäuse ihren Körper vom Boden abheben und rasch laufen, sogar springen oder sich seitwärts bzw. rückwärts bewegen. Beim Klettern mit dem Kopf voran werden die Daumenkrallen abwechselnd eingesetzt. Glattnasen können aber auch rückwärts klettern und sich mit Hilfe der Hinterfüße nach oben hangeln. In engen

▲
Die Mopsfledermaus (Barbastella barbastellus) hat relativ schmale Flügel und fliegt schnell und wendig.

Fliegende Fransenfledermaus (Myotis nattereri). Durch das offene Maul werden Ortungslaute ausgesandt.
▼

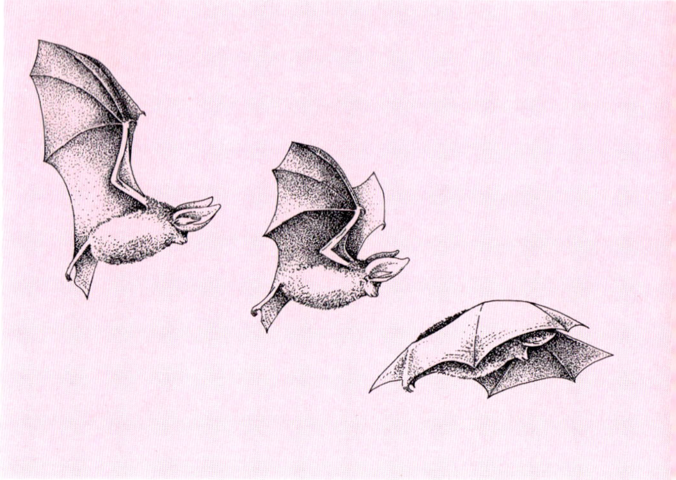

Spalten kann man selbst ein Stemmklettern beobachten.
Die Hufeisennasen sind am Boden recht hilflos. Sie können den Körper nicht anheben, sondern ziehen sich nur an den Daumenkrallen vorwärts. Hufeisennasen wird man daher stets hängend antreffen, nie auf einer Unterlage sitzend oder laufend. Wenn sie frei hängen, können sie dagegen mit kleinen Schritten an einer rauhen Unterlage umherwandern. Sie benötigen auch immer einen freien Ein- und Ausflug zu ihrem Quartier. In der Ruhestellung beugen Große und Kleine Hufeisennasen die Fingergrundgelenke etwas und hüllen sich in die zwischen den Fingern befindliche Flughaut wie in einen Mantel ein. Die Mittelmeerhufeisennase beugt dagegen die Finger im Gelenk zwischen dem 1. und 2. Fingerglied um 90 bis 180 Grad und legt die Flughaut in diesem Bereich zusammen. Sie ist dadurch nicht ganz eingehüllt.

Fledermäuse können nicht nur fliegen, klettern, laufen oder springen, sondern auch schwimmen. Sie tun dies natürlich nicht freiwillig. Fällt eine Fledermaus jedoch einmal aus Versehen ins Wasser, so benutzt sie die ausgebreiteten Flügel zum Schwimmen. Häufig sind sie auch in der Lage, von der Wasseroberfläche zu starten.
Die Form der Flügel läßt Aussagen über die Art des Fluges und das Flugvermögen einer Fledermaus zu: An den langen schmalen Flügeln kann man die schnell fliegenden Arten sehr gut von den breitflügligen, langsam fliegenden Arten unterscheiden. Beim Flug führen die Flügel eine Art Rotationsbewegung aus. Die Schwanzflughaut hilft beim Manövrieren und beim Bremsen vor der Landung. Der Brustkorb der Fledermaus ist im Verhältnis zum schmalen Becken sehr kräftig. Um die Ansatzmöglichkeiten für die Flugmuskulatur zu verbessern, hat das

Schematische Darstellung der Flügelbewegung einer Langohr-Fledermaus beim Rüttelflug (nach NORBERG, 1976).

Brustbein, wie bei den Vögeln, einen Kiel.

Das Fliegen ist sehr energieaufwendig, und besonders die Flugmuskulatur bedarf einer hohen Sauerstoffzufuhr. Um den Energiebedarf, der im Fluge etwa viermal höher liegt als in der Ruhephase, zu decken, werden hohe Anforderungen an die Kreislauf- und Atemorgane gestellt; Herzschlag und Atemfrequenz sind daher im Fluge stark erhöht. Das Herz zeigt entsprechende Anpassungen. Es ist etwa dreimal größer als bei anderen Säugetieren gleicher Körpergröße und kann somit viel mehr Blut in der gleichen Zeit durch den Körper pumpen. Mit dem Blut wird der Muskulatur der benötigte Sauerstoff zugeführt. Hier gibt es noch eine weitere Anpassung: Während bei vielen Säugetieren die Sauerstoff-Aufnahmekapazität des Blutes nur 18 Volumenprozent beträgt, erreicht sie bei den Fledermäusen 27%.

Körperliche Arbeit erzeugt Wärme, daher steigt die Körpertemperatur der Fledermäuse im Fluge an. Da Fledermäuse weder wie Menschen schwitzen noch wie Hunde hecheln können, verhindert ein sinnvolles Kühlsystem ein bedrohliches Ansteigen ihrer Körpertemperatur: Beim Ansteigen der Körpertemperatur erweitert ein spezielles Verschlußsystem die dünnen Blutgefäße in den Flughäuten, und das jetzt vermehrt durchströmende Blut wird von dem kalten Luftstrom, der die Flügel ständig umspült, abgekühlt.

Die Flughaut ist eine Doppelmembran und schließt neben den Blutgefäßen Nerven und kleine Muskelbündel ein. Letz-

Albinotisches Weibchen der Wasserfledermaus (Myotis daubentoni). Infolge des Pigmentmangels sind die Blutgefäße in den Flughäuten gut sichtbar.

tere dienen vor allem der Verspannung der Flügel, damit diese im Luftstrom nicht flattern. Die bis auf einen Teil der Schwanzflughaut unbehaarten Flughäute wirken zart und empfindlich, sind jedoch durch die elastischen Fasern sehr dehnbar und fest. Sie zeigen eine gute Heilungstendenz nach Verletzungen.

Während der Embryonalentwicklung entsteht die Flugmembran aus Hautfalten an den Körperseiten. Später setzt das Längenwachstum der Flügelknochen ein. Der Flügel neugeborener Fledermäuse ist noch recht unentwickelt. Die Hände des Jungtieres erhalten erst während des Wachstums außerhalb des mütterlichen Körpers ihre endgültigen Proportionen.

Neben der Flughaut beeindruckt den Betrachter einer Fledermaus am meisten das Gesicht. Wenn größere Fledermausarten mit offenem Mund drohen, bekommt man Respekt vor ihnen. Das Gebiß ähnelt dem der Insektenfresser, wirkt aber durch die großen Eckzähne raubtierhaft. Abendsegler, Großes Mausohr und andere große Arten können mühelos die harten Chitinpanzer großer Käfer zerschroten. Die Zahl der Zähne reicht bei den europäischen Fledermausarten von 32 (Gattung *Tadarida*) bis 38 (Gattung *Myotis*).

Sehr auffällig sind in der Familie der Hufeisennasen bizarre Hautbildungen in der Nasenregion. Diese fehlen allen Glattnasen und auch der Bulldoggfledermaus.

Die Ohren der Fledermäuse sind von unterschiedlicher Form und Größe, ihre Länge reicht von 9–13 mm bei der Zwergfledermaus bis zu maximal 42 mm beim Braunen Lang-

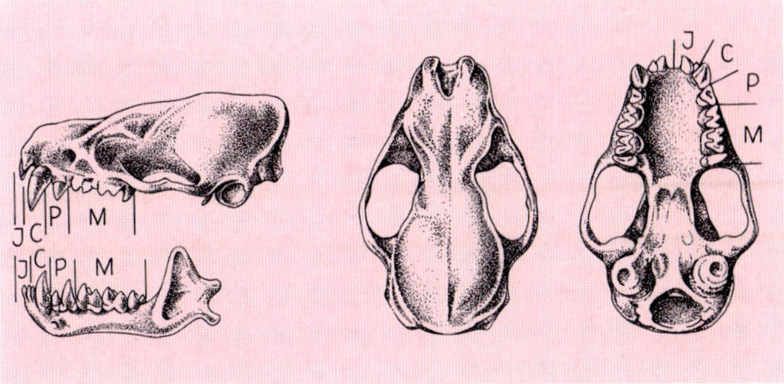

Schädel der Breitflügelfledermaus (Eptesicus serotinus) in Seiten-, Ober- und Basalansicht
__I__ Schneidezähne (Incisivi), __C__ Eckzähne (Canini), __P__ Vorbackenzähne (Praemolaren), __M__ Backenzähne (Molaren)
Die Zähne sind gut entwickelt, spitz und z. T. vielhöckerig. Sie erinnern an das Gebiß der Raubtiere. Die spitzen Eckzähne ergreifen die Beute, die scharfen Backenzähne zermahlen die Chitinpanzer.

ohr. Alle Glattnasen haben in der Ohrmuschel noch einen Ohrdeckel (Tragus), der den Hufeisennasen fehlt. Die unterschiedliche Form und Größe des Ohres und des Tragus können bei einer Reihe von Fledermäusen sehr gut zur Artbestimmung herangezogen werden.
Fledermäuse haben verhältnismäßig kleine Augen, die bei allen Arten dunkel (oder schwarz) wirken. Die relativ größten Augen besitzen die Langohrfledermäuse, sehr kleine Augen hat die Mopsfledermaus. Die Augenlider tragen keine Wimpern. Wenn das Auge geschlossen ist, kann man den schmalen Lidspalt kaum erkennen. Einige stärkere Sinneshaare finden sich bei den Glattnasen und Hufeisennasen im Mundbereich, bei letzteren auch auf dem Nasenaufsatz. Im Mundbereich gelegene Hautdrüsen sondern ein fettiges Sekret zur Pflege der Flughäute ab. Es enthält wahrscheinlich auch Geruchsstoffe, die eine Signalwirkung auf Artgenossen haben.
Das Haarkleid der Fledermäuse weist im Gegensatz zu den meisten anderen Säugetieren kein Wollhaar auf; es besteht also nur aus einer Haarart. Die Fledermaushaare sind so typisch strukturiert, daß man an der Haarstruktur einige Gattungen oder Arten erkennen kann.
Bei vielen Fledermäusen sind die Haare zweifarbig. Die Bauchseite ist bei allen Arten heller gefärbt als das Rückenfell; junge Tiere sind in der Regel dunkler und matter gefärbt als Alttiere. Bei einigen Arten ändert sich die Fellfärbung auch etwas nach dem Haarwechsel im Herbst. (Die unterschiedliche Fellfärbung zeigen am besten die Farbfotos der einzelnen Arten.) An den Hinterfüßen tragen die meisten Fledermäuse mehr oder weniger deutlich starre, borstenartige Haare. Die Fransenfledermaus besitzt am freien Rand der Schwanzflug-

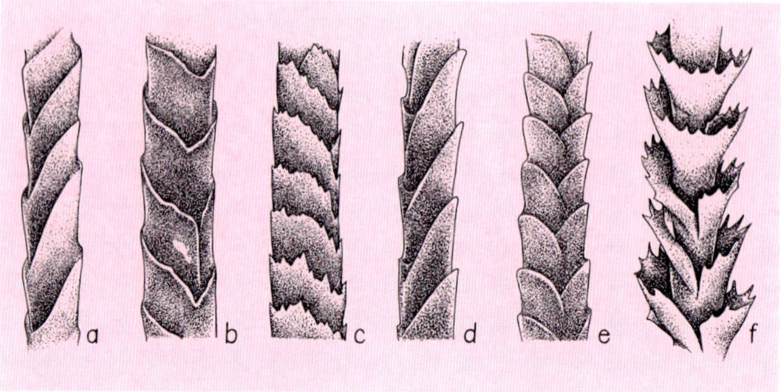

Unterschiedliche Oberflächenstrukturierung der Haare verschiedener Fledermausarten
a *Kleine Hufeisennase,* ***b*** *Fransenfledermaus,* ***c*** *Rauhhautfledermaus,* ***d*** *Mopsfledermaus,* ***e*** *Großer Abendsegler,* ***f*** *Europäische Bulldoggfledermaus*
Abgebildet sind jeweils die mittleren Haarabschnitte (nach TUPINIER, 1973).

haut einen Saum aus starren, häkchenartig gekrümmten Haaren.

Bei einer ruhenden Fledermaus kann man allein am Aussehen das Geschlecht nicht erkennen. Färbungsunterschiede, wie zum Beispiel bei den meisten Vögeln, gibt es bei europäischen Arten nicht. Der Größenunterschied zwischen Weibchen und Männchen (Weibchen sind in der Regel etwas größer als Männchen) ist ohne genaue Messung nicht feststellbar. Betrachtet man die Genitalregion, so ist bei den Männchen der Penis gut sichtbar. In der Paarungszeit treten außerdem bei manchen Arten Hoden und Nebenhoden deutlich hervor, so daß man daran die Paarungsbereitschaft des Tieres feststellen kann. Die Weibchen haben ein Paar Brustdrüsen, das mehr im Bereich der Achselhöhle gelegen ist. (Eine Ausnahme unter den europäischen Fledermäusen bildet die Zweifarbfledermaus mit zwei Paar Brustdrüsen.) Die Zitzen sind bei säugenden Tieren gut sichtbar. Hufeisennasen besitzen im Bereich des Unterbauches zusätzlich ein Paar sogenannte Haftzitzen, an denen sich die Jungen mit dem Mund festhalten können.

Wo leben Fledermäuse?

Alle europäischen Fledermäuse benötigen Quartiere, die ihnen vor ungünstigen Witterungseinflüssen (Kälte, Regen, Zugluft) ebenso wie vor Feinden oder ständigen Störungen Schutz bieten. Da Fledermäuse keine Nester bauen, sind sie auf bereits vorhandene Unterschlupfmöglichkeiten angewiesen.
Nach ihrer biologischen Funktion kann man folgende Quartiertypen unterscheiden: Winterquartier, Tages- und Zwischenquartier, Wochenstubenquartier, Paarungsquartier. Für die drei letztgenannten Quartiertypen hat sich auch der nicht ganz exakte Begriff „Sommerquartier“ eingebürgert.
In den Winterquartieren halten die Fledermäuse ihren Winterschlaf. Oft sind verschiedene Arten in großer Anzahl in einem Quartier vereint. Das derzeitig größte bekannte europäische Winterquartier ist das in Westpolen bei Miedzyrzecz gelegene Fledermausreservat „Nietoperek“. Hier überwintern etwa 50 Meter unter der Erde in einem riesigen, aus dem 2. Weltkrieg stammenden System von Betonbunkern und Gängen weit über 10000 Fledermäuse in 12 Arten.
Nach Beendigung des Winterschlafes suchen die Fledermäuse, meist nach Arten getrennt, Quartiere auf, in denen sie sich oft nur wenige Tage, manchmal aber auch mehrere Wochen aufhalten. In diesen Tages- oder Zwischenquartieren findet man zum Teil nur Einzeltiere, mitunter aber auch kleine Gruppen. Von hier aus suchen sie jede Nacht ihr Jagdrevier auf. Diese Zwischenquartiere werden von den Fledermäusen auf ihren Wanderungen vom Winterquartier zu den Sommeraufenthaltsorten bezogen. Wochenstuben sind Quartiere, die von einer mehr oder weniger großen Zahl Fledermausweibchen über einige Monate gemeinsam bewohnt werden. Sie gebären dort ihre Jungen und ziehen sie auf. Die Männchen vieler Arten leben in dieser Zeit allein in ihren Tagesquartieren, bei manchen Arten (zum Beispiel Zweifarbfledermaus, Abendsegler) kommt es zur Bildung größerer Männchengesellschaften. Nach Auflösung der Wochenstuben finden sich Männchen und Weibchen zur Paarung zusammen. Die Paarungsquartiere unterscheiden sich in der Regel nicht von den Tagesquartieren.
Bei den in Nord- und Mitteleuropa lebenden Fledermäusen sind die vier genannten Quartiertypen meistens räumlich voneinander getrennt. Wanderfreudige Arten legen zwischen dem Winterquartier und dem Sommerquartier sogar Entfernungen bis zu über 1000 Kilometer zurück. Im klimatisch günstigeren Südeuropa kann dagegen die gleiche Fledermausart das ganze Jahr über in einem einzigen Quartier, zum Beispiel in einer Höhle, leben. Bei ortstreuen Arten liegen auch in Mitteleuropa die unterschiedlichen Quartiere dicht beieinander. So halten zum Beispiel Zwergfledermäuse im Inneren

einer Kirche hinter Grabplatten oder in Mauerrissen ihren Winterschlaf und beziehen anschließend im Kirchenschiff oder auch in Spalten der Außenwände ihre Tagesquartiere. Als Wochenstube kann ihnen später eine von außen zugängliche Spalte hinter der Bretterverschalung des Kirchturmes dienen. Die Paarungen erfolgen dann wieder in den Tagesquartieren.

Eine weitere Einteilung der Fledermausquartiere kann nach den von ihnen besonders im Sommer bewohnten Biotopen und Aufenthaltsorten erfolgen (Tabelle 1, Seite 212). Hausfledermäuse (anthropophil) sind mehr oder weniger an den menschlichen Siedlungsraum gebunden. Typische Arten in Mitteleuropa sind die Breitflügelfledermaus, das Mausohr und das Graue Langohr, mit Einschränkungen zum Beispiel auch Teichfledermaus, Kleine Bartfledermaus, Kleine Hufeisennase und einige andere Arten. Je nach den klimatischen Bedingungen kann die gleiche Art im Norden ihres Verbreitungsgebietes als Hausfledermaus, im Süden dagegen als Höhlenfledermaus leben. So bewohnt die Kleine Hufeisennase im Sommer im Norden als Hausfledermaus warme Dachböden oder Heizungskeller, im Süden ist sie dagegen Höhlenbewohner. Als wärmeliebende Tiere konnten die Fledermäuse nur durch das Aufsuchen mikroklimatisch günstiger Bauwerke ihr Verbreitungsgebiet

Quartier vom Großen Abendsegler (Nyctalus noctula) in einer Platane. Deutlich sichtbar ist der aus der Höhle rinnende Urinstreifen.

weiter nach Norden ausdehnen. Naturhöhlen sind in diesen Regionen zu kalt, die „Kunsthöhlen“ der Menschen bieten dagegen günstige Lebensbedingungen.

Zu den in Südeuropa vorwiegend als Höhlen- oder Felsfledermäuse (lithophil) lebenden Arten gehören zum Beispiel alle Hufeisennasen, die Langflügelfledermaus, aber auch das Kleine Mausohr. Wald- oder Baumfledermäuse (phytophil) sind dagegen in ihrem gesamten Verbreitungsgebiet im Sommer an den Wald gebunden, zum Teil halten sie auch im Winter in Baumhöhlen ihren Winterschlaf. Typische Vertreter sind die drei Abendseglerarten, die Rauhaut- und die Bechsteinfledermaus. Betrachtet man die unterschiedlichen Fledermausquartiere und die Hangplätze näher, so ergibt sich eine unerschöpfliche Fülle von Aufenthaltsorten.

Relativ einförmig sind die Winterquartiere, die folgende Voraussetzungen erfüllen müssen: Die Temperatur darf, zumindest in einigen Quartierteilen, nicht unter 0° Celsius sinken, die relative Luftfeuchtigkeit muß hoch sein (bis 100%), und es darf keine Zugluft herrschen. Die Wände müssen so rauh sein, daß die Fledermäuse Halt an ihnen zum Aufhängen finden. Günstig sind zusätzliche Versteckmöglichkeiten wie Mauerspalten, kleine Nischen oder Höhlungen. Sehr stark verschmutzte Quartiere, frischer Kalk oder Mörtel sowie Rußablagerungen werden von den Fledermäusen gemieden. Häufige Störungen, zum Beispiel durch die Nutzung eines Kellers als Lagerraum, wirken ungünstig, schließen aber die Eignung als Winterquartier nicht grundsätzlich aus. Im Bergland sind Naturhöhlen und alte Bergwerkstollen ideale Winterquartiere, im Tiefland treten unterirdische Festungskasematten, alte Bier- und Weinkeller, ehemalige Eiskeller, Gruftgewölbe, alte Bunker und tiefe Keller in Wohnhäusern an ihre Stelle. Baumfledermäuse überwintern in Baumhöhlen mit Wandstärken über 10 cm, aber auch in tiefen Felsspalten, Mauerrissen oder in kleineren Hohlräumen in dickwandigen Gebäuden. Selbst auf Dachböden können einzelne Breitflügelfledermäuse in engen Spalten im Gebälk ihren Winterschlaf halten.

In den Winterquartieren hängen einige Arten ausschließlich (Hufeisennasen) oder überwiegend (zum Beispiel Mausohr) frei an der Decke. Andere Arten dagegen hängen an den Wänden, oder sie suchen Spalten im Mauerwerk, teilweise sogar im Bodengeröll auf. Auch offene Rohre oder Bohrlöcher werden als Quartier bezogen. Des weiteren wurden hinter Bildern in Kirchen, abbröckelndem Putz, abgehobenen Rostschichten an Eisenträgern oder in durch die Decke des Quartiers wachsendem Wurzelwerk Fledermäuse im Winterschlaf gefunden.

Die Möglichkeiten für Tages- oder Zwischenquartiere sind sehr groß. Hausfledermäuse können sich im Dachstuhl, unter Dachsparren, in Balkenhöhlungen oder im First verstecken. Außen am Haus bieten sich Spalten hinter Fensterladen, Bretterverschalungen, zwischen Balken und Mauerwerk, hinter Schornsteinverkleidungen und in Jalousiekästen an. Gelangen Fledermäuse in einen Wohnraum, so verstecken sie sich häufig in den Falten der Gardinen. Sucht man auf einem Dachboden nach Fledermäusen, so sollte man nicht nach oben schauen, sondern zunächst auf am Boden liegenden Kot achten. Die darüber gelegenen Quartiere sind dann leicht zu finden.

Waldfledermäuse haben ihre Tagesquartiere in verlassenen Spechthöhlen, Fäulnishöhlen in alten Bäumen, Baumrissen, in Spalten hinter abgehobener Rinde und in Holzstapeln. Sie nehmen gern Vogelnistkästen und spezielle Fledermauskästen an.

Höhlen- und Felsfledermäuse suchen nicht zu kalte Naturhöhlen, Stollen oder Felsspalten auf. Es gibt aber auch eine ganze Reihe von atypischen Tagesquartieren. So können Nisthöhlen von Uferschwalben, Spalten unter Brücken, hohle Betonmasten von Straßenlaternen, Lüftungsschächte und Fugen zwischen Wandplatten von Neubaublökken bezogen werden.

Wochenstubenquartiere sind meistens geräumiger als Tagesquartiere, da sie einer Gruppe von Weibchen und ihren Jungen Platz bieten müssen. Hausfledermäuse suchen für ihre Wochenstube die wärmsten Stellen im Dachinnenraum von Wohnhäusern, Kirchen oder anderen Gebäuden auf, häufig findet man sie im Dachfirst oder im Kirchturm. Ungeeignet sind romantische Ruinen mit halbzerfallenen Dächern, denn dort ist es kalt, es herrscht Zugluft und regnet hinein. Die Dächer von Gebäuden mit Fledermausquartieren müssen intakt sein, natürlich darf eine Einflugöffnung bzw. ein Einschlupfloch nicht fehlen.

Hausfledermäuse, die enge Spalten bevorzugen, finden ihre

▲ Alte Festungskasematten dienen Fledermäusen häufig als Winterquartier.

Aufenthaltsorte von Fledermäusen in und an Gebäuden und Bäumen. ▼

Kothaufen mit toten Jungtieren. Beim Großen Mausohr (Myotis myotis) stirbt im Norden des Verbreitungsgebietes in Schlechtwetterperioden ein großer Teil der nur wenige Tage alten Jungtiere.

Wochenstubenquartiere zum Beispiel hinter Fensterläden und Bretterverschalungen an der Außenseite der Gebäude. Zwergfledermäuse beziehen relativ schnell geeignete Spalten an neu erbauten Eigenheimen und Bungalows. Wochenstuben in warmen unterirdischen Räumen, zum Beispiel unterirdischen Heizungsschächten oder Kellern, sind von der Kleinen Hufeisennase und vom Mausohr bekannt.

Die Wochenstuben der Wald- oder Baumfledermäuse befinden sich in geräumigen Baumhöhlen oder in Fledermauskästen. Wird eine Baumhöhle längere Zeit von einer größeren Zahl Fledermäuse bewohnt, dann kann man häufig beobachten, daß Urinspuren als dunkle Streifen am Höhleneingang vorhanden sind und sich unter der Höhle Kot ansammelt. (Dem Geübten verraten sich die Fledermäuse in Baumhöhlen auch durch ihre Rufe.)

Die Wochenstuben der Höhlenfledermäuse befinden sich jeweils im wärmsten Teil der Höhle. Sie können über tausend Tiere umfassen, die – je nach Art – dicht beieinander an der Decke hängen, häufig auch in größeren Gruppen Kuppeln oder Nischen in der Höhle füllen.

Für alle Fledermausarten gilt, daß sie mehrere Ausweichquartiere kennen und diese abwechselnd beziehen. Warum dieser Wechsel erfolgt, ist weitgehend unbekannt. Verschlechterung des Mikroklimas ist sicherlich ebenso von Bedeutung wie äußere Störungen, Massenbefall durch Parasiten oder Wechsel des Jagdreviers wegen Nahrungsmangel. In der Regel kehren die Fledermäuse aber Jahr für Jahr wieder in ihre Quartiere zurück, so daß besonders Wochenstuben und Winterquartiere über viele Jahrzehnte bewohnt werden.

Mit Echolot auf Beutefang

Alle europäischen Fledermäuse ernähren sich überwiegend von Insekten, zeigen jedoch Unterschiede in der Wahl der von ihnen bevorzugten Insektenarten, ihrer Jagdgebiete und der Jagdweise. Diese Unterschiede ermöglichen es, daß mehrere Fledermausarten ohne ständige Konkurrenz im gleichen Biotop leben können. Beispiele sind der Abendsegler und die Rauhhautfledermaus im Wald oder das Mausohr, die Zwergfledermaus und das Graue Langohr in Siedlungsräumen des Menschen. Unsere Kenntnisse dieser nur geringen ökologischen Unterschiede sind noch sehr lückenhaft, so daß sich hier ein lohnendes Forschungsgebiet eröffnet: Je besser die Lebensweise einer Fledermaus bekannt ist, um so eher ist auch ihr gezielter Schutz möglich.

Beobachtet man an Sommerabenden ein Fledermausquartier, so wird man feststellen, daß die Tiere mit großer Genauigkeit immer zur gleichen Zeit zur Jagd ausfliegen. Der Beginn des Ausfluges kündigt sich schon vorher durch eine erhebliche Unruhe im Quartier an, die zum Beispiel bei Zwergfledermäusen durch ein feines hohes Gewisper zu erkennen ist. Die Tiere halten sich dabei in der Nähe der Ausflugsöffnung auf. Wenn möglich, kann man dabei auch beobachten, daß sie sich zunächst intensiv putzen und die Flügel strecken. Ist das erste Tier zum Flug gestartet, folgen die anderen in kurzen Abständen nach, wobei der Ausflug einer etwa hundertköpfigen Zwergfledermauswochenstube sich über eine Stunde hinziehen kann. Bei kühler Witterung starten die Fledermäuse später zur Jagd, bei starkem Wind oder Regen kann der Ausflug auch unterbleiben. Entscheidenden Einfluß auf den Beginn des Jagdfluges haben der Zeitpunkt des Sonnenunterganges und der jeweilige Helligkeitsgrad in der Umgebung des Quartiers.

Zwischen den Arten gibt es Unterschiede bezüglich des Ausflugbeginns, die sich in der alten Literatur sogar in der Namensgebung widerspiegeln. So wurde der Abendsegler als „Frühfliegende Fledermaus" bezeichnet, die Breitflügelfledermaus dagegen als „Spätfliegende Fledermaus".

Besonders im Frühjahr und Herbst kann man die heimischen Fledermäuse auch am Tage bei der Jagd beobachten. Häufig sind es Abendsegler, die schon am frühen Nachmittag jagen, aber auch Zwergfledermäuse und andere Arten sind gelegentlich am Tage aktiv. Wahrscheinlich zwingt das schlechtere Nahrungsangebot die Tiere zu diesem Jagdverhalten. Bei manchen Flugbeobachtungen von Abendseglern kann es sich aber auch um Zugaktivität handeln.

Die Dauer des Jagdfluges ist bei den einzelnen Arten unterschiedlich. Sie hängt wesentlich vom jeweiligen Nahrungsangebot ab. Vor dem eigentlichen Jagdbeginn suchen die Fledermäuse meistens Teiche, Bäche

Trinkende Bechsteinfledermaus (Myotis bechsteini).

oder andere Wasserflächen auf, um dort zu trinken. Sie fliegen dazu wiederholt so dicht über der Wasseroberfläche, daß sie mit dem Mund kurz eintauchen können. Ob sie in freier Natur auch wie bei Gefangenschaftshaltung im Sitzen oder Hängen trinken, ist nicht sicher bekannt, erscheint aber durchaus möglich.

Fledermäuse haben feste Jagdreviere, deren Lage und Größe von der Art, der Jahreszeit und dem Nahrungsangebot abhängen. NYHOLM stellte in einem Waldbiotop für die Kleine Bartfledermaus eine Jagdreviergröße von 240 Quadratmetern fest, für die Wasserfledermaus waren es dagegen 420 Quadratmeter. In diesen Revieren halten die Fledermäuse oft feste Flugbahnen ein. Sie fliegen dort Runde um Runde, bis diese Bahnen von Insekten „leer gefangen" sind, dann wechseln sie auf eine andere Bahn. Bei Massenvorkommen von Insekten an bestimmten Orten, zum Beispiel in der Nähe blühender Bäume, können aber auch mehrere Fledermäuse dort gemeinsam jagen. Die Jagdgebiete selbst sind sehr vielgestaltig und werden sowohl vom jeweiligen Beuteangebot als auch von dem bevorzugten Lebensraum der Fledermaus mitbestimmt. Einige Waldfledermäuse jagen gern niedrig über Waldwiesen, Waldwegen oder Lichtungen, an Waldrändern und in Schneisen. Andere, wie der Abendsegler, jagen meist oberhalb der Baumkronen oder auch hoch über der Wasseroberfläche von Seen und Teichen. Die Wasserfledermaus nutzt das reiche Insektenleben im Bereich der Uferzonen von Seen und Teichen und jagt hier dicht über der Wasseroberfläche. Auch die Große Bartfledermaus und die Teichfledermaus bevorzugen diese Jagdgebiete. Häufig folgen Fledermäuse bei der Jagd dem Lauf eines Baches oder Flusses. Hausfledermäuse jagen meist in den Ortschaften, auf Bauernhöfen, in Gärten, über Müllhalden oder an Straßenlaternen, die mit ihrem hellen Licht die Insekten anlocken. Für einige Arten, wie zum Beispiel die Zwergfledermaus, finden sich selbst inmitten der Großstädte genügend Jagdmöglichkeiten.

Fledermäuse mit langen schmalen Flügeln bevorzugen den freien Luftraum. Sie fliegen sehr schnell und können auf engem Raum schlecht manövrieren. (Typische Vertreter sind die drei Abendseglerarten, die Bulldoggfledermaus und die Langflügelfledermaus.) Der Abendsegler erreicht 50 km/h als maximale Fluggeschwindigkeit, die Langflügelfledermaus 70 km/h, und eine Verwandte der Europäischen Bulldoggfledermaus, die Guano-Fledermaus (*Tadarida brasiliensis*), soll sogar 105 km/h erreichen.

Kleinere Arten, wie Mopsfledermaus und Wasserfledermaus, fliegen ebenfalls recht schnell, sind aber auf engem Raum wendiger. Alle schnell fliegenden Arten haben sehr kurze Ohren, wogegen unter den langsam fliegenden Fledermausarten einige sehr große Ohren besitzen.

Breitflügelfledermaus und Mausohr, die in langsamem Flug im freien Luftraum jagen, haben lange, breite Flügel. Kurze, breite Flügel mit einer relativ großen Flügelfläche sind dagegen bestens für die Jagd in dichter Vegetation oder in hindernisreichem Gelände geeignet. Diese Arten (zum Beispiel Braunes Langohr) können langsam und niedrig fliegend das Gelände absuchen und sogar auf der Stelle rütteln, um dabei Beutetiere von Zweigen und Blättern abzulesen. Besonders geschickt im Fluge sind die Hufeisennasen, doch die Langohrfledermäuse stehen ihnen ebenso wie die Bechsteinfledermaus und die Fransenfledermaus an Geschicklichkeit kaum nach.

Die Fledermäuse orten die Insekten mit Ultraschall, verfolgen sie dann und erfassen sie direkt mit dem Mund oder mit den wie Kescher gebrauchten Armflughäuten. Von der Armflughaut werden sie meistens direkt mit dem Mund aufgenommen. Manchmal gelangt die Beute erst in die wie eine Tasche bauchwärts vorgewölbte Schwanzflughaut, aus der sie nicht entrinnen kann. Dort wird sie dann im Flug mundgerecht zurechtgelegt. Die langen spitzen Eckzähne der insektenfressenden Fledermäuse durchbohren die Beute und halten sie fest. Mit den breiten, mehrspitzigen Backenzähnen wird dann der mitunter sehr feste Chitinpanzer zermahlen.

Die meisten Fledermäuse fressen ihre Beute im Fluge. Bei größeren Insekten fliegen sie dabei Runde um Runde auf einer ihnen bekannten „Parkbahn“, ohne dabei zu orten. Langsam fliegende Arten, wie die Hufeisennasen und die

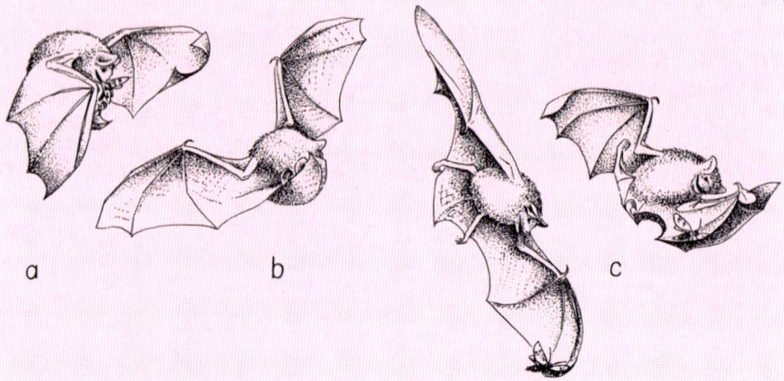

Ergreifen der Beute
*In der Regel werden Insekten im Fluge mit dem Maul direkt erfaßt (**a**). Größere Beutetiere werden häufig mit einer von der Schwanzflughaut gebildeten Tasche ergriffen und von dort mit dem Maul aufgenommen (**b**). Versucht die Beute zu entkommen, dann wird sie mit dem Flügel „ergriffen" und zum Kopf hin geschlagen (**c**).*

Langohrfledermäuse, suchen mit ihren Beutetieren einen festen Fraßplatz auf. Dort hängen sie sich auf und verzehren den Körper der Beute. Flügel und Beine von Faltern oder anderen Insekten lassen sie dabei fallen. Aus solchen Flügelansammlungen in den Quartieren kann man mit Sicherheit auf die Anwesenheit von Fledermäusen schließen. Der Zoologe KOLB beschreibt für das Mausohr, daß es auch selten fliegende oder flugunfähige Käfer vom Boden aufnimmt. Sie werden zunächst mit dem Gehör geortet und dann mit dem gut ausgebildeten Geruchssinn aufgespürt. Der Geruch spielt sicherlich bei allen insektenfressenden Fledermäusen beim Beutefang eine gewisse Rolle, ermöglicht er doch die Aussonderung ungenießbarer und schlecht schmekkender Insekten. Ob bei einigen Arten für den Beutefang auch die optische Orientierung eine Rolle spielt, ist nicht genau bekannt. Das Braune Langohr reagiert im Labor nicht auf einen ruhig sitzenden Schmetterling, ergreift diesen aber sofort, wenn er sich zu bewegen beginnt. Vielleicht spielen hier neben akustischen Wahrnehmungen auch optische Reize eine Rolle. Das Nahrungsspektrum vieler Fledermäuse ist noch weitgehend unbekannt. Da alle Arten streng geschützt sind, scheidet eine Untersuchung des Mageninhaltes getöteter Fledermäuse aus. Man ist daher auf die Analyse der Nahrungsreste angewiesen, was bei manchen Arten durch die an den Fraßplätzen liegenden Falterflügel relativ einfach ist. Die Methode der Kotanalyse, bei der aus kleinsten Chitinresten die Beutetiere bestimmt werden, setzt dagegen eine große Erfahrung und Geduld voraus. Sie zeigte aber, daß Fledermäuse neben Schmetterlingen, Käfern, Mücken und Fliegen auch Libellen, Grillen, Heuschrecken, Köcherfliegen und Spinnen erbeuten.

Fraßplatz des Braunen Langohrs (Plectus auritus)
Neben verschiedenen Eulen-Arten gehören auch Tagschmetterlinge wie der Kleine Fuchs und das Tagpfauenauge zur Beute.

Einige der Beutetiere haben im Laufe ihrer Entwicklung Abwehrmöglichkeiten gegenüber den Fledermäusen entwickelt. So können sie zum Teil den Ultraschall-Peilton hören und dadurch fliehen, einige lassen sich einfach fallen. Es gibt aber auch Nachtschmetterlinge, die den Fledermäusen durch selbsterzeugte Ultraschalltöne signalisieren, daß sie schlecht schmecken. Sie werden dann von den Fledermäusen nach ersten unangenehmen Erfahrungen mit ihnen gemieden.

Der tägliche Nahrungsbedarf der Fledermäuse liegt zwischen einem Viertel und einem Drittel ihres Körpergewichtes. Ein 30 Gramm schwerer Abendsegler verzehrt täglich etwa 10 Gramm Insekten. Nach Untersuchungen des sowjetischen Zoologen KURSKOW betrug die in freier Natur aufgenommene tägliche Nahrungsmenge beim Abendsegler maximal 38% des Körpergewichts, bei der Zweifarbfledermaus 31,3%, bei der Zwergfledermaus 29,5% und bei der Mopsfledermaus 28%. Die Berechnung, daß zum Beispiel eine einzige Wasserfledermaus in der Zeit vom 15. Mai bis zum 15. Oktober 60000 Mücken vernichten kann, ist sicher etwas theoretisch, sie verdeutlicht jedoch sehr gut die Dimension des Nahrungsbedarfs. Eine Vorstel-

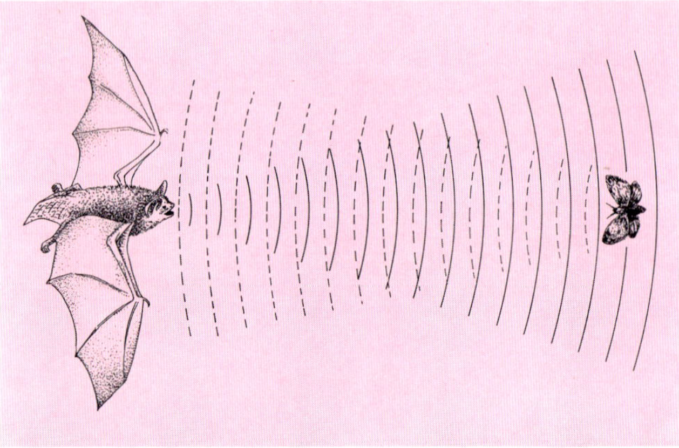

Ortung der Nahrung aufgrund der Reflexion der ausgesandten Schallwellen durch das Beutetier.

lung von der Masse der Beutetiere bekommt man auch, wenn man die manchmal meterhohen Kotberge unter langjährig besetzten Fledermauswochenstuben sieht!
Viele Fledermausarten verzehren große Mengen von für die Land- und Forstwirtschaft schädlichen Insekten. So gehören zu den Beutetieren des Braunen Langohrs die Saateule (*Agrotis segetis*), die Gemüseeule (*Polia oleracea*) und der Eichenwickler (*Tortrix viridana*). Die im besten Sinne des Wortes biologische Schädlingsbekämpfung durch Fledermäuse hat heute durch den erheblichen Rückgang der Fledermausbestände leider an Bedeutung verloren.

Echo-Orientierung – der 6. Sinn der Fledermäuse

Fledermäuse erzeugen sowohl hörbare Laute mit einer Frequenz unter 20 kHz als auch Laute in dem darüber gelegenen und daher dem menschlichen Hörvermögen nicht zugänglichen Ultraschallbereich. Die hörbaren Laute sind sehr vielgestaltig. Sie können als schrilles Zetern, feines Piepsen oder Zirpen imponieren oder an das tiefe Summen einer großen Hummel erinnern. Die lauteste Stimme hat der Abendsegler, dessen schrille, metallhart klingenden Rufe über 50 Meter weit zu hören sind. Diese Laute haben, ebenso wie ein Teil der Ultraschallaute, eine soziale Funktion und dienen der Kommunikation zwischen den Tieren. Es gibt Kontaktlaute zwischen Mutter und Kind, Laute, die bei Abwehr oder aggressivem Verhalten geäußert werden, Klagelaute und Paarungsrufe, mit denen die Männchen paarungswillige Weibchen anlocken.

Die Ultraschallaute der Fledermäuse wurden erst sehr spät entdeckt und in ihrer Bedeutung erkannt.

Seit dem 18. Jahrhundert versuchten Forscher das Rätsel der Orientierung der Fledermäuse zu lösen, aber erst 1938 gelang dem Amerikaner GRIFFIN die Aufklärung. Er stellte fest, daß Fledermäuse Ultraschallaute aussenden, das zurückkehrende Echo mit den Ohren auffangen und dadurch ihre Umwelt wahrnehmen. Der Mensch und die meisten Säugetiere orientieren sich mit den Augen: Wir machen uns ein optisches Bild von unserer Umgebung und speichern dieses im Gedächtnis. Fledermäuse erhalten dagegen von ihrer Umwelt ein „Hörbild“, das ebenso genau und „farbig“ ist. Statt zu sehen, hören sie den Eingang zu ihren Quartieren, den Felsvorsprung, an dem sie sich anhängen können, und die Beutetiere, die ihre Flugbahn kreuzen. Sie speichern dieses Hörbild im Gedächtnis und können in gewohnter Umgebung einem Hindernis im „Blindflug“ automatisch ausweichen. Eine ähnlich leistungsfähige Orientierung mit Hilfe von Ultraschall gibt es unter den Säugetieren noch bei Walen und Delphinen. Höhlenbewohnende Vögel, wie der südamerikanische Fettschwalm (*Steatornis caripensis*) und Salanganen der Gattung *Collocalia* orientieren sich ebenfalls nach dem Echolotprinzip. Der Frequenzbereich der Orientierungslaute erstreckt sich zwischen 20 und 215 kHz. Mit zunehmender Schwingungszahl pro Zeiteinheit wird die Wellenlänge immer kürzer. Dies ist von Vorteil, da gerade die kurzen Wellen bestens geeignet sind, brauchbare Echos von kleinen Hindernissen zu erzeugen. Macht man die Signale sichtbar, wie das heute auch im Freiland mit einem Ultraschalldetektor (Bat detector) möglich ist, so zeigt sich, daß viele Arten ein spezifisches Wellenbild (Sonagramm) erzeugen und auf einer arttypischen Frequenz senden. Bei den Glattnasen fällt die geordnete Frequenzfolge am Ende des Lautes stark ab. Häufig durchläuft der Laut, der nur 50 Schwingungen umfaßt, einen Frequenzbereich von zum Beispiel 100 kHz bis zu 40 kHz. Könnte man solch einen Laut hören, dann wäre es kein reiner Ton, sondern ein Knall. Das Aussenden von Salven solcher Knalle hat dazu geführt, daß die Vertreter der Glattnasen auch als „knallende Fledermäuse“ bezeichnet werden. Wegen der typischen Frequenzmodulation ihrer Ultraschallaute (fm-Signale) nennt man diese Arten auch „frequenzmodulierende Fledermäuse“. In den letzten Jahren wurde wiederholt festgestellt, daß die Mannigfaltigkeit auf

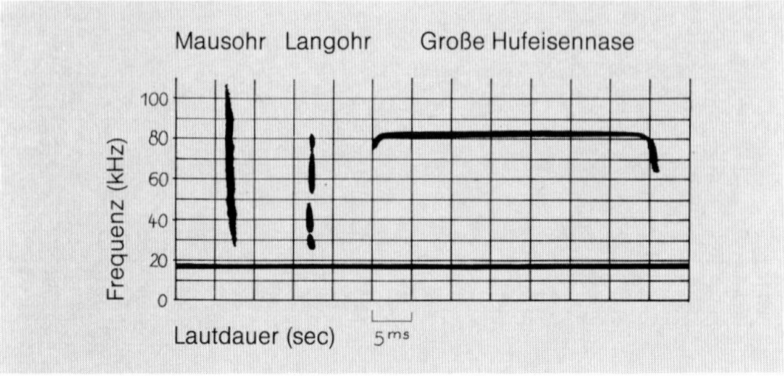

▲
Ultraschallortungslaute verschiedener Fledermäuse
Die Glattnasen (Mausohr, Langohr) senden kurze Laute aus, die in wenigen Millisekunden einen großen Frequenzbereich durchlaufen (fm-Laute).
Die Hufeisennasen orten mit langandauernden Lauten in einem ganz schmalen Frequenzband (cf-Laute, reine Töne). Die obere Hörgrenze der Menschen liegt bei 18 kHz.

Sonagramme von Ortungslauten der Glattnasen und Hufeisennasen in verschiedenen Jagdphasen
Ist die Beute geortet, dann werden in der Annäherungs- und Fangphase die Pausen zwischen den Lauten immer kürzer. Bei den Hufeisennasen wird auch die Lautdauer verkürzt.
▼

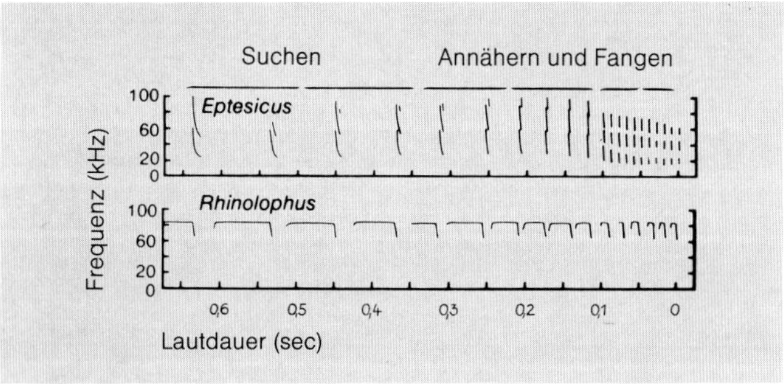

dem Gebiete der Ultraschall-Peilung viel größer ist, als zunächst vermutet wurde. Es zeigte sich, daß manche Familien über ganz andersartige Systeme des Bildhörens verfügen und daß manche Arten mehrere Systeme anwenden.

So fand man heraus, daß die Hufeisennasen keine Knalle, sondern reine Töne bis 150 Millisekunden Dauer mit nur kurzem frequenzmoduliertem Endteil aussenden. Die Frequenzhöhe ist dabei für die einzelnen Arten sehr typisch. Die

Große Hufeisennase sendet mit 83 kHz, wogegen die Kleine Hufeisennase die Sendefrequenz von 107 kHz verwendet. Wegen der konstanten Frequenz des ausgesandten Ultraschalls mit nur kurzem frequenzmoduliertem Schlußteil (cf/fm-Signale) werden die Hufeisennasen auch als frequenzkonstante Fledermäuse bezeichnet.
Die heimischen Glattnasen senden ihre Ortungslaute durch den offenen Mund aus. Eine Ausnahme stellen die beiden Langohrarten dar, die Ultraschall bei geschlossenem Mund auch durch die Nasenlöcher aussenden können. Bei den Hufeisennasen ist letzteres die Regel, wobei die beweglichen Teile des die Nasenlöcher umgebenden Hufeisens den Schall bündeln. Dieser Schallstrahl wird wie ein Scheinwerfer durch pendelnde Kopfbewegungen hin und her geschwenkt. Die zurückkehrenden Echos werden von den unabhängig voneinander beweglichen Ohren aufgefangen.
Bei den Glattnasen mit ihren fm-Signalen ist es typisch, daß die einzelnen Laute nur von sehr kurzer Dauer sind, damit sich der ausgesandte Laut und das Echo nicht überlagern. Da sich der Ultraschall in der Luft mit einer Geschwindigkeit von 331 m/sec. ausbreitet, darf ein fm-Impuls nur eine halbe bis eine Millisekunde anhalten, wenn das von einem etwa 50 cm entfernten Beutetier ausgehende Echo störungsfrei gehört werden soll.
Die Entfernung des Beutetiers ermitteln die frequenzmodulierenden Arten aus der Zeitdifferenz zwischen Aussenden des Signals und Eintreffen des Echos. Die Richtung ergibt sich dagegen aus der Analyse des Zeitunterschiedes zwischen dem Eintreffen des Echos am rechten und linken Ohr. Wichtig sind außerdem die Intensität und die Frequenz des Echos. Das Ortungssystem der Hufeisennasen beruht nicht auf der Zeitdifferenz-Orientierung, da bei ihnen wegen der langen Impulsdauer der cf/fm-Signale das Echo mit dem ausgesandten Laut zusammenfällt. Die Hufeisennasen haben in ihrem Gehör einen Filter, der genau auf die artspezifische Frequenz abgestimmt ist. Die Große Hufeisennase hört dadurch ihre artspezifischen Echos von 83 kHz wesentlich besser als darüber- oder darunterliegende Frequenzen. Da die ortende Hufeisennase den von einem Beutetier oder Hindernis zurückkommenden Echos entgegenfliegt, wird die Zahl der Schwingungen, die sie pro Zeiteinheit hört, immer größer und daher der Ton immer höher. Durch diesen, nach dem Physiker DOPPLER benannten Effekt würde die Frequenz des Echos höher liegen als die des ausgesandten Lautes, und es besteht die Gefahr, daß das Echo überhaupt nicht gehört wird. Doch die Hufeisennasen sind in der Lage, diesen Effekt auszugleichen: Sie setzen nämlich die ausgesandten Laute entsprechend tiefer an, so daß die Echos beim Empfang genau die artspezifische Frequenz haben. Trifft der Orientierungslaut auf ein unbewegliches Hindernis, kommt das Echo als reiner Ton zurück. Ein fliegendes Beutetier dagegen moduliert die Frequenz des Echos mit seinem Flügelrhythmus. Durch ihr Ortungssystem können die Hufeisennasen nicht nur die Herkunft des Echos richtig deu-

ten, sondern sind sogar in der Lage, feine Unterschiede in der Oberflächenstruktur von Hindernissen wahrzunehmen.
Ein einfacher Versuch zeigt die Empfindlichkeit dieses Systems: Wirft man vor einer im Garten Runde um Runde jagenden Fledermaus ein Steinchen hoch, so fliegt sie mit einer raschen Wendung sofort darauf zu. Da sie aber erkennt, daß es sich nicht um ein Beutetier handelt, dreht sie kurz davor ohne einen Fangversuch ab.
Das Leistungsvermögen des Ortungssystems der Hufeisennasen ist deutlich besser als das der Glattnasen. Hufeisennasen nehmen im Experiment Drähte mit einem Durchmesser von 0,08 bis 0,05 mm noch wahr. Glattnasen, wie das Braune Langohr oder das Kleine Mausohr, erkennen dagegen nur 0,2 mm starke Drähte. Man fängt daher Hufeisennasen wesentlich seltener in Netzen als Glattnasen. Auch in der Reichweite ihres Orientierungssystems sind die Hufeisennasen gegenüber den Glattnasen im Vorteil. Sie erreichen maximal 20 Meter und nehmen in einer Entfernung von 8 Metern noch Beutetiere wahr. Glattnasen müssen sich dagegen Hindernissen bis auf etwa 2 Meter nähern, um diese zu erfassen.
In der Lautstärke der ausgesandten Ultraschallsignale gibt es zwischen den Arten Unterschiede. Der im freien Luftraum jagende Abendsegler „schreit" seine Ortungslaute mit einem Schalldruck bis zu 100 Dezibel in die Nacht hinaus, was mit der Lautstärke eines Preßlufthammers zu vergleichen ist. Die langsam und niedrig zwischen den Bäumen und Büschen fliegenden Arten, wie Bechsteinfledermaus und Langohrfledermaus, „flüstern" dagegen nur. Bei der Jagd im freien Luftraum senden Fledermäuse weniger Ortungslaute aus als in hindernisreichem Gelände. Nähern sie sich der Beute, wird die Zahl der ausgesandten Impulse ebenfalls stark erhöht, sie kann dann bei Glattnasen bis zu 100/sec. betragen.
Junge Fledermäuse können in ihren ersten Lebenstagen nur relativ undifferenzierte und „tiefe" Laute erzeugen, die dem Kontakt mit der Mutter dienen. Die Rufe junger Mausohren liegen bis zu einem Alter von 18 Tagen bei einer Frequenz von 20 bis 30 kHz, erst dann steigt die Frequenz langsam auf 50 bis 70 kHz an.
Wie Kinder das Laufen, so müssen junge Fledermäuse auch die Echoortung erlernen: Bei einigen Arten fliegen die Jungen zunächst der Mutter nach, die sie in eine Art „Schallschleppe" nimmt. Jungtiere anderer Arten trainieren im oder vor dem Quartier allein, während die Mutter zum Jagdflug unterwegs ist.
Das Problem der Echoortung der Fledermäuse ist weitaus komplizierter, als es hier in Kürze dargestellt werden konnte. Eine Reihe von Fragen bedarf noch der Klärung. Weitgehend ungelöst ist die Art der Fernorientierung bei Fledermäusen. Ob sie die Richtung nach dem Stand der Gestirne am Nachthimmel ermitteln oder ob es bei ihnen eine Orientierung nach dem Magnetfeld der Erde

Kurz vor dem Abflug orten die Glattnasen-Fledermäuse mit offenem Maul. Hier eine ortende Große Bartfledermaus (Myotis brandti).

gibt, muß noch erforscht werden. Die Fernorientierung ermöglicht es den Fledermäusen, selbst aus ihnen unbekannten Gebieten zu ihrem Quartier zurückzukehren. Verfrachtungsversuche mit beringten Zwergfledermäusen zeigten, daß sie noch aus einer Entfernung von 50 bis 60 km zu ihrem Quartier zurückfanden.

Wenden wir uns nun vom Bildhören durch Echoortung ab und anderen Sinnesleistungen zu: Fledermäuse verfügen auch über einen optischen Sinn. Die Augen sind bei den meisten Arten klein und wenig leistungsfähig. Sie können Helligkeitsunterschiede und Formen erkennen, ein Farbenfernsehen ist jedoch nicht möglich.

Geruchs- und Geschmacksvermögen sind gut entwickelt. So spielt der Geruchssinn beim Erkennen von Mutter und Kind eine große Rolle. Bei manchen Arten hilft er auch beim Auffinden der Beute. Schlecht schmeckende Beutetiere werden von den Fledermäusen nach den ersten negativen Erfahrungen verschmäht.

Das Temperaturempfinden ist sehr gut ausgeprägt und für die Wahl eines geeigneten Winterquartieres von großer Bedeutung.

Das Tastempfinden wird durch die Tasthaare im Bereich des Gesichtes und an den Füßen verfeinert. Besonders gut können Fledermäuse feine Luftströmungen wahrnehmen, was für sie bei der Quartiersuche bedeutungsvoll ist.

Harem und Wochenstuben

Die Kenntnisse über die Fortpflanzungsbiologie sind auch bei einer Reihe europäischer Fledermausarten noch sehr lückenhaft. Die Paarungszeit beginnt nach Auflösung der Wochenstuben etwa Ende Juli bis Ende August. Sie bezieht die Zeit des Winterschlafes mit ein und erstreckt sich bis zum Frühjahr. In der Paarungszeit treten bei den Männchen die sonst äußerlich nicht sichtbaren Hoden und Nebenhoden deutlich hervor. Bei den Männchen der Rauhhautfledermaus verändert sich durch eine beidseitige Aufwölbung des Nasenrückens auch das Aussehen des Gesichtes. Reißen die Tiere den Mund auf, werden außerdem in den inneren Mundwinkeln gelblichweiße Wülste, die Drüsen enthalten, sichtbar.

Eine feste Paarbeziehung ist bei den europäischen Fledermäusen nicht bekannt. Ein Männchen paart sich mit mehreren Weibchen, wahrscheinlich kann auch ein Weibchen von verschiedenen Männchen begattet werden. Bei einer Reihe von Fledermäusen (zum Beispiel Abendsegler, Rauhhautfleder-

Paarung der Wasserfledermaus (Myotis daubentoni) im Winterquartier.

maus) leben die Männchen während der Paarungszeit einzeln und legen sich einen Harem von etwa 2 bis 10 Weibchen zu.
Ein Rauhhautfledermausmännchen bezieht zum Beispiel einen Fledermauskasten als Quartier und hält sich in ihm dann mehrere Tage bis Wochen auf. Das Paarungsquartier und das umliegende Revier werden gegen andere Männchen verteidigt. Durch Paarungsrufe aus dem Kasten heraus oder während der Flüge im Paarungsrevier versucht es, die Weibchen anzulocken und verfolgt diese im Fluge. Die Männchen halten oft über mehrere Jahre an ihrem Paarungsrevier fest, die Weibchen dagegen wechseln das Revier und gelangen so in den Harem eines anderen Männchens.
Erfolgt die Paarung im Winterquartier, ist die Rolle des Weibchens zunächst passiv. Beobachtungen an Wasserfledermäusen ergaben, daß ein aus dem Winterschlaf erwachtes Männchen zunächst nach Weibchen zu suchen beginnt. Das Männchen fliegt zu den einzeln oder in Gruppen Winterschlaf haltenden Artgenossen, setzt sich neben oder auf diese und beginnt, offenbar durch eine Geruchskontrolle, ein Weibchen herauszusuchen. Es geht

dabei recht energisch vor, so daß es bei seiner Suche eine ganze Fledermausgruppe zum Erwachen bringen kann. Hat es ein Weibchen gefunden, dann umklammert das Männchen dieses von hinten her mit den Flügeln und hält es fest. Die Begattung selbst beginnt erst, wenn das Weibchen langsam aus dem Winterschlaf erwacht. Es ist dabei aber noch nicht flugfähig. Die Tiere äußern dabei zeitweilig schrille Rufe. Das Männchen verbeißt sich mitunter im Nackenfell des Weibchens. Zwanzig Minuten und länger bleiben die Tiere in Paarungsstellung, wobei in dieser Zeit eventuell mehrere Begattungen erfolgen können.

Bei den Fledermäusen der gemäßigten Klimazonen kommt es im Anschluß an die Paarung nicht zur Befruchtung der Eizelle. Das Sperma wird im weiblichen Geschlechtstrakt über den Winterschlaf hinweg bis zum Frühjahr gespeichert und lebensfähig gehalten. Die Reifung der Eizelle, die Befruchtung sowie die anschließende Keimlingsentwicklung erfolgen erst nach dem Erwachen aus dem Winterschlaf. Es handelt sich hierbei um eine einmalige Erscheinung unter den Säugetieren.

Eine Ausnahme stellt die Langflügelfledermaus dar, die auf einem anderen Weg das gleiche Ziel erreicht. Bei ihr wird die Eizelle sofort nach der Paarung befruchtet, die Keimlingsentwicklung bleibt aber dann – wie beim Reh (*Capreolus capreolus*) – auf dem Blastocystenstadium stehen und setzt erst im Frühjahr wieder ein. In beiden Fällen gewährleistet diese Anpassung, daß die Jungen erst in der warmen Jahreszeit geboren werden. Müssen Fledermausweibchen zum Beispiel nach Zerstörung ihres Winterschlafquartiers in menschlicher Obhut gepflegt werden, sollten sie nicht warm gehalten werden, da sonst Befruchtung und Keimlingsentwicklung wesentlich früher einsetzen. Die Jungen werden dann bereits im Frühjahr oder Winter geboren. Da der genaue Termin der Befruchtung kaum festzustellen ist, läßt sich die Tragzeit der Fledermäuse schwer bestimmen. Die Angaben schwanken zwischen 45 und 70 Tagen.

Die meisten europäischen Fledermäuse gebären einmal im Jahr ein Junges, bei einigen Arten sind Zwillingsgeburten die Regel, in seltenen Fällen wurden auch drei Junge beobachtet. Diese im Vergleich zu anderen, gleich großen Säugetieren extrem niedrige Fortpflanzungsrate – ein Hausmausweibchen (*Mus musculus*) kann in einem Jahr bis zu 90 Junge zur Welt bringen – wird durch eine hohe Lebenserwartung und den frühen Eintritt der Geschlechtsreife ausgeglichen. Fledermäuse können bis 30 Jahre alt werden. Die durchschnittliche Lebenserwartung liegt allerdings je nach Art mit etwa 2½ bis 4½ Jahren wesentlich niedriger. Wandernde Arten, wie Abendsegler und Rauhhautfledermaus, sind offenbar erheblich mehr Risiken ausgesetzt als ortstreue Fledermäuse. Ihre niedrige Lebenserwartung gleichen sie durch Begattung der Weibchen im ersten Lebensjahr und durch Zwillingsgeburten aus. Bei der Zwergfledermaus nehmen die Weibchen ebenfalls im ersten Lebensjahr am Paarungsgeschehen teil, in einem geringeren Prozentsatz ist das auch beim Mausohr und der

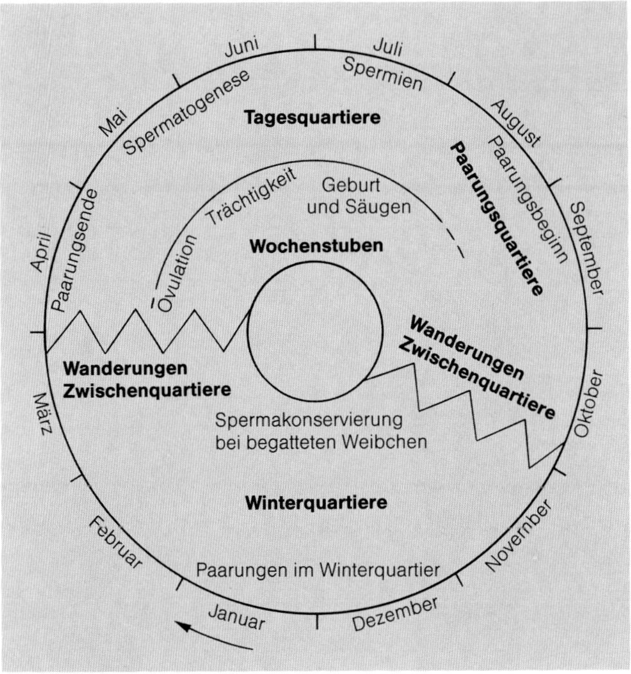

Reproduktionszyklus bei den europäischen Fledermäusen

Kleinen Hufeisennase der Fall. Im zweiten Lebensjahr sind alle Weibchen und Männchen an der Paarung beteiligt. Es gibt jedoch immer eine geringe Anzahl von Weibchen, die keine Jungen gebären.
Die Weibchen schließen sich vom April an zu Wochenstuben zusammen, die je nach Art 10 bis über 1000 Tiere umfassen können. Männchen sind in diesen Wochenstuben nur selten anzutreffen. In den Wochenstuben fallen die Fledermäuse kaum in Tagesschlaflethargie, da die dabei erfolgende Senkung der Körpertemperatur auch eine Verzögerung der Embryonalentwicklung zur Folge hätte. Erzwingt die kalte Witterung längere Lethargiephasen, erfolgen die Geburten später. Die Geburt erstreckt sich in den Wochenstuben über einen Zeitraum von mehreren Tagen bis Wochen.
Der Geburtsvorgang wurde bei verschiedenen Fledermausarten eingehend beobachtet und beschrieben, so durch KOLB beim Mausohr und HEISE bei der Rauhhautfledermaus. Die Geburt erfolgt überwiegend am Tage. Das Weibchen sondert sich etwas von den anderen Tieren ab und nimmt die Geburtsstellung ein. Es hält sich dabei mit allen vier Extremi-

◀ *Teil einer Wochenstube der Wimperfledermaus (Myotis emarginatus) auf einem Dachboden. In der Mitte unten ein dunkler gefärbtes Jungtier.*

◀ *Die neugeborenen Zwillinge der Zwergfledermaus (Pipistrellus pipistrellus) haben sich sofort an den Zitzen der Mutter festgesaugt. Sie sind fast nackt, die Ohren sind schlaff, die Augen noch verschlossen.*

▲ *Kleine Bartfledermaus (Myotis mystacinus) mit festgesaugtem Jungtier. Die Mutter schützt es durch Taschenbildung der Schwanzflughaut. An den Flügeln der Mutter sind kleine Zecken sichtbar.*

täten an der Unterlage fest und sitzt entweder mit dem Kopf nach unten (Mausohr) oder in der sonst unüblichen Haltung mit dem Kopf nach oben (Rauhhaut- oder Zwergfledermaus). GEBHARDT beschreibt beim Abendseglerweibchen auch eine waagerechte Geburtshaltung mit dem Rücken nach unten. Die Hinterbeine werden etwas gespreizt, und die Schwanzflughaut wird wie eine Tasche nach bauchwärts eingeschlagen. Die Jungen werden meist in Steißlage geboren, Kopflagen kommen ebenfalls vor. Gegen ein Herunterfallen ist das Junge nach der Geburt durch die Schwanzflughauttasche gesichert, in der es aufgefangen wird. Auch die Nabelschnur kann es wie eine Sicherheitsleine vor einem Absturz retten. Heruntergefallene Neugeborene werden in der Regel von den Müttern nicht vom Boden aufgenommen und sterben daher. Das Geburtsgewicht erreicht bei Arten mit einem Jungen etwa $^{1}/_{3}$ bis $^{1}/_{5}$ des Gewichtes der Mutter, bei Arten mit zwei Jungen liegt es niedriger. Bei den Zwergfledermäusen sind die rosafarbenen, fast völlig nackten und blinden Jungen kaum größer als eine Biene, sie wiegen 1,3 bis 1,5 g.

Sofort nach der Geburt klettern sie am Muttertier empor und saugen sich an einer Zitze fest. Die Placenta wird später ausgestoßen und meistens gefressen. Dabei beißt die Mutter auch die Nabelschnur am Jungtier ab.

Nur bei Störungen oder Quartierwechsel werden junge Fledermäuse von ihren Müttern im Flug mitgenommen. Hier ein Großes Mausohr (Myotis myotis) mit Jungem.

Sofort nach der Geburt werden die Jungen intensiv beleckt. Sie geben dabei hohe zwitschernde Laute von sich, die als Stimmfühlungslaute auch später das Erkennen von Mutter und Jungtier erleichtern. Bis zur Selbständigkeit werden die Jungen mit Muttermilch ernährt. Die Mütter nehmen die Jungtiere vom ersten Tag an nicht zum Jagdflug mit, sondern lösen sie vorher mit sanften stoßenden Kopfbewegungen von der Zitze und lassen sie allein im Quartier zurück. Die Jungen hängen dann oft in größeren Gruppen eng beieinander (soziale Thermoregulation), trotzdem erkennt jede Mutter nach Rückkehr vom Jagdflug ihr Junges wieder, und nur dieses wird von ihr gesäugt. Auch die Jungen erkennen ihre Mutter. Dieses Wiedererkennen wird sowohl durch Stimmfühlungslaute als auch durch spezifische Geruchsstoffe ermöglicht. Fremde Jungtiere werden abgewiesen. Bei Störungen nehmen die Mütter auch ihre Jungtiere im Flug mit. Auf diese Weise kann eine Wochenstubengesellschaft geschlossen ihr Quartier verlassen und ein anderes aufsuchen. Um genügend Halt an der Mutter zu finden, haben die Hinterfüße und Daumen bei der Geburt schon 80 % der endgültigen Länge, der noch nicht so wichtige Unterarm dagegen nur 30–40 %.

Die Entwicklung der jungen Fledermäuse erfolgt sehr schnell. Je nach Art öffnen sich im Alter von 3 bis 10 Tagen die Augen. Neugeborene haben schon spärliche, kurze, kaum pigmentierte Haare. Im Laufe der ersten Lebenswoche setzt die eigentliche Behaarung ein. Die Jungtiere können bereits im Alter von wenigen Tagen sehr gut und schnell laufen und klettern, sind also keineswegs so hilflos, wie sie auf den ersten Blick wirken. Die Jungtiere der Glattnasen verfügen über ein gut entwickeltes Milchgebiß, das als Klammergebiß bezeichnet wird. Es verschwindet in den ersten Wochen. Das bleibende Gebiß beginnt ab dem 10. Tag durchzubrechen. Flugfähig werden die Jungen im Alter von 3 bis 4 Wochen (Rauhhaut- und Zwergfledermaus), größere Arten, wie Mausohr und Abendsegler, mit 5 Wochen. Die Jungen werden mit 4 bis 6 Wochen von den Müttern entwöhnt und müssen nun selbständig Insekten fangen. Nach der Entwöhnung suchen die Mütter die Paarungsquartiere auf. Die Jungen verlassen die Wochenstubenquartiere erst einige Zeit später. Bei schlechter Witterung sind sie in dieser Zeit besonders gefährdet, da sie über wenig Fettreserven verfügen und noch unerfahren sind.

Die Sterblichkeit der Jungen erreicht bei einigen Arten in dieser kritischen Phase bis zu 50 Prozent. Insgesamt wird eingeschätzt, daß nur 30 bis 40 Prozent der Jungen das zweite Lebensjahr erreichen. In den folgenden Lebensjahren ist die Sterblichkeit dann allerdings wesentlich geringer.

Bei der Geburt ist das Geschlechtsverhältnis der Fledermäuse mit 1 : 1 ausgeglichen. Die Sterblichkeit der Männchen ist etwas höher als die der Weibchen, was sich jedoch durch die Fortpflanzungsbiologie (Harembildung) nicht negativ auf die Arterhaltung auswirkt.

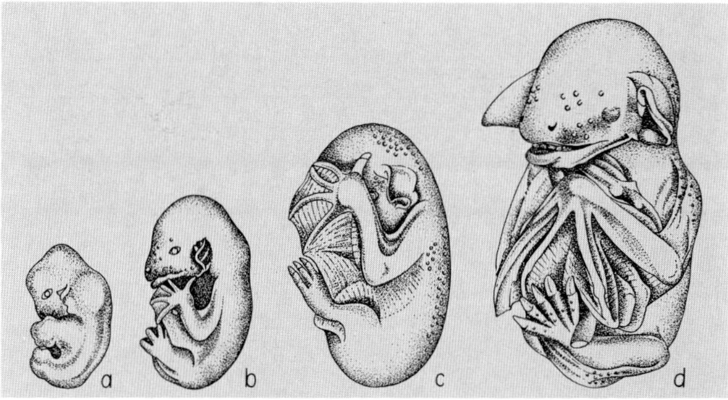

▲

Unterschiedlich alte Embryonen einer Mausohr-Fledermaus

a *9 mm Scheitel-Steißlänge*
b *13 mm Scheitel-Steißlänge*
c *17 mm Scheitel-Steißlänge*
d *nicht bekannt*

Das Stadium ***c*** *zeigt den Beginn der Umbildung der Vorderextremitäten zum Flugorgan. Der Flügel ist bis zur Geburt noch recht unterentwickelt, dagegen sind die Hinterfüße als Halteorgane gut ausgebildet (****d****).*

Veränderung der Proportionen zwischen Körper- und Flügelgröße bei jungen und subadulten Fledermäusen (Abendsegler)

Die zur Geburt noch unterentwickelten Flügel wachsen innerhalb von 3–4 Wochen zum funktionsfähigen Flugorgan aus.

a *1 Tag alt*
b *28 Tage alt*
c *Erwachsen (ca. 60 Tage alt) (nach* M*OHR, 1932)*

▼

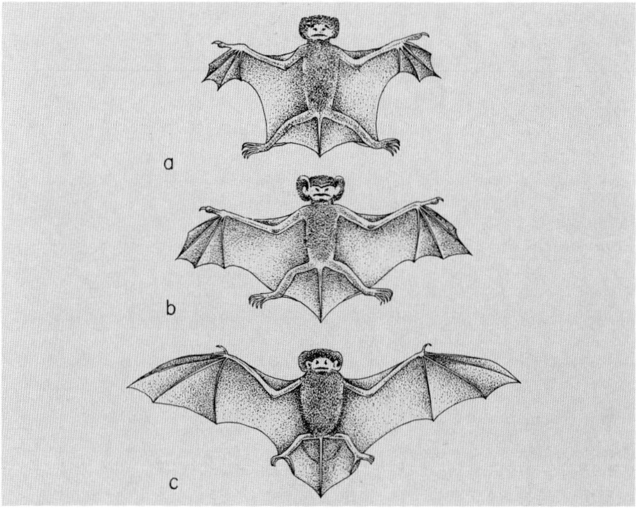

Das Sozialverhalten der Fledermäuse

Obwohl das Verhalten vieler Fledermausarten noch nicht genau untersucht ist, scheinen die grundlegenden Verhaltensmuster bei einzelnen Gattungen bzw. Arten einer Familie gleich oder ähnlich zu sein. Viele Verhaltensweisen wie Flug, Echoortung, Beutefang, Winterschlaf wurden bereits an anderer Stelle beschrieben.
Im folgenden sollen noch kurz einige Besonderheiten erwähnt werden. Die grundlegenden Verhaltensmuster, wie zum Beispiel das Putzen, Streck- und Rekelbewegungen, die Art von Kot- und Urinabgabe, Flügelbewegungen und anderes, sind bereits bei Jungtieren im Laufe der ersten und zweiten Lebenswoche zu beobachten, sie sind also angeboren.
Als ausgesprochen soziale Säugetiere leben Fledermäuse die längste Zeit des Jahres in Gruppen zusammen. Vergesellschaftungen verschiedener Arten sind im Winterquartier sehr häufig, kommen aber auch in Wochenstuben und anderen Quartieren vor. Eine Rangordnung innerhalb einer Gruppe artgleicher Tiere wurde bei europäischen Fledermäusen bisher nicht beschrieben, sie ist am ehesten während der Paarungszeit unter den Männchen zu erwarten. Die in ihren Quartieren oft dicht an dicht oder sogar übereinander hängenden Fledermäuse (Glattnasen) stören sich häufig gegenseitig. Die Tiere reißen den Mund dann weit auf, so daß die scharfen Zähne sichtbar werden, zetern schrill und stoßen auf den Störenfried zu, ohne daß es jedoch zu ernsthaften Beißereien oder gar Verletzungen kommt. Meistens kehrt nach kurzer Zeit wieder Ruhe ein. Der Gesichtsausdruck ist beim „Angreifer" und „Verteidiger" ganz ähnlich, allerdings legt ein sich verteidigendes Tier die Ohren etwas zurück. Wird dagegen ein Artgenosse angegriffen, sind die Ohren aufgestellt. Ähnlich verhalten sich Fledermäuse, wenn sie sich durch Menschenhand bedroht fühlen und nicht fliehen können. Größere Arten beißen dann sehr kräftig und schmerzhaft zu. Kleinere Arten, wie die Zwergfledermaus, können die menschliche Haut nicht verletzen.
Bei Zwerg- und Rauhhautfledermäusen, wahrscheinlich auch bei anderen Vertretern der Gattung *Pipistrellus* sowie bei *Nyctalus noctula* kann man eine

Bei der Akinese dieser Rauhhautfledermaus (Pipistrellus nathusii) handelt es sich um einen Totstellreflex. Selbst wenn man das Tier in die Hand nimmt, bleibt es regungslos auf dem Rücken liegen. Gut sichtbar ist die starke Behaarung der Schwanzflughaut.

Die Fledermäuse putzen sich vorwiegend mit den Krallen der Hinterfüße. Diese Mopsfledermaus (Barbastella barbastellus) führt den Fuß über den Flügel hinweg zum Kopf, die Augen sind dabei geschlossen.

besondere Form des Schutzverhaltens beobachten: Ist die äußere Bedrohung wenig intensiv, drückt sich das Tier in einer Schreckstellung flach an den Boden, wird es aber berührt oder gar auf den Rücken gelegt, rollt es sich zusammen und läßt dann wie leblos mit sich manipulieren. Dieser als Akinese bezeichnete Zustand ist besonders leicht bei noch etwas lethargischen Tieren auszulösen und stellt einen Totstellreflex dar.

Wie bei vielen sozial lebenden Tieren ist auch bei Fledermäusen ein „Mach-mit-Verhalten" zu beobachten. Fliegt ein Tier ab, putzt sich oder sucht in Gefangenschaft den Futternapf ab, so wirkt dies in gleicher Richtung stimulierend auf die Artgenossen. Eine soziale Fellpflege kommt bei den europäischen Glattnasenfledermäusen unter erwachsenen Tieren nicht oder nur selten vor. Die Mütter lecken auch ihre Jungen nur wenige Tage, dann putzen sich diese allein. Bei der Mittelmeerhufeisennase wurde beobachtet, daß sich auch erwachsene Tiere gegenseitig im Gesicht und am Kopf belecken. Sie hängen dabei oft Bauch an Bauch, und ein Tier umfaßt das andere mit seinen Flughäuten.

Die Körperpflege nimmt bei den Fledermäusen aller Gattungen viel Zeit in Anspruch. Sie putzen sich regelmäßig vor dem Ausflug, aber auch nach der Jagd. Die Tiere belecken ausgiebig ihre Flughäute, die sie sich dabei wie eine Maske über ihr Gesicht ziehen. Sie werden mit dem Sekret der Gesichtsdrüsen eingefettet und geschmeidig gehalten. Das Fell wird mit den Krallen der Hinterfüße gekämmt. Die Krallen werden dabei immer wieder in kurzen Abständen beleckt und gesäubert. Während der Körperpflege hängen die Tiere nur an einem Bein und führen das andere entweder unter oder über dem Flügel hinweg zum Fell. Die Flügel werden wiederholt weit abgespreizt; auch ein Schütteln des ganzen Körpers ist zu beobachten. Die mit der Zunge erreichbaren Fellabschnitte von Brust und Bauch werden außerdem noch beleckt. Wie alle Säugetiere und Vögel können auch die Fledermäuse gähnen.

Daß die angeborenen Verhaltenselemente fest verankert sind, zeigt sich, wenn man eine Fledermaus am Boden füttert. Da fast alle Arten ihre Beute im Flug fangen, müssen sie erst lernen, am Boden Nahrung aufzunehmen. Sie zeigen dabei das gleiche Verhalten wie im Flug, ergreifen zum Beispiel blitzschnell einen Mehlwurm und versuchen, ihn im Sitzen in die Schwanzflughauttasche zu stoßen. Manchmal überschlagen sie sich dabei und verlieren die Beute. Im Gegensatz zu den Glattnasen und der Bulldoggfledermaus können Hufeisennasen auf Grund ihres Körperbaues nur im Flug oder im Hängen Nahrung aufnehmen und trinken. Bei Erregung (Fangen eines Tieres) sowie während und nach der Nahrungsaufnahme werden Kot und Urin abgegeben. Dies kann bei allen Arten auch im Flug erfolgen.

Zwergfledermäuse fallen besonders dadurch auf, daß sie

Das Putzverhalten ist bei den Fledermäusen angeboren. Hier beleckt eine 6 Tage alte Zwergfledermaus (Pipistrellus pipistrellus) ihre Flughaut.

Beim Urinieren spreizen die Glattnasen-Fledermäuse die Schwanzflughaut kreisförmig nach oben ab. Bei diesem Zwergfledermaus-Männchen (Pipistrellus pipistrellus) ist am Penis ein Urintropfen sichtbar.

ihren Kot an Wände, Fensterscheiben und andere Flächen kleben, die sie im Flug kurz berühren. Das „Kotkleben" ist für diese Art so typisch, daß man leicht auf ihr Vorkommen schließen kann. Geben Glattnasenfledermäuse Kot und Urin im Hängen ab, drehen sie sich vorher mit dem Kopf nach oben und spreizen zum Schutz vor Verschmutzung die Schwanzflughaut ab. Da bei den Hufeisennasen im Hängen der Schwanz mit der Schwanzflughaut auf den Rücken geschlagen wird und nicht auf den Bauch wie bei den Glattnasen, besteht bei ihnen die Gefahr der Verschmutzung nicht.

Abschließend sei ein Verhalten erwähnt, das vielen Fledermäusen, die bei der Quartiersuche in Gebäude eindringen, das Leben kosten kann: Glattnasenfledermäuse fliegen ebenso wie Hufeisennasen vor der Landung den ausgewählten Ort mehrmals probeweise an, ehe sie sich durch Drehung des Körpers um 180° kopfunter aufhängen. Diese Probeeinflüge sind auch in Quartieren zu beobachten, die den Fledermäusen am besten bekannt sind. Die Hufeisennasen hängen sich immer auf, die Glattnasen dagegen verfügen noch über eine Art „Bauchlandung". Die Tiere fliegen mehrmals über einen von ihnen georteten Hohlraum (Vasen, Gläser, oben offene Lampenschirme, offene Rohre, Doppelfenster) hinweg und lassen sich dann in ihn hineinfallen. Diese Art der Landung kann man häufig bei

Zwergfledermäusen beobachten. Sie ist aber auch beim Braunen Langohr, der Wasserfledermaus und weiteren Arten anzutreffen. Sind die Wände des Behälters glatt und ist sein Durchmesser gering, können die Fledermäuse weder herausklettern noch auffliegen und müssen sterben.

ROER berichtet über eine solche Fledermausfalle, ein Entlüftungsrohr, mit 1180 toten Zwergfledermäusen. Dieses Beispiel zeigt, wie die an ihre natürliche Umwelt so phantastisch angepaßten Fledermäuse an den „Schöpfungen" der menschlichen Zivilisation scheitern können.

Winterschlaf – Leben auf Sparflamme

In den gemäßigten Zonen der Erde stellen die Wintermonate die Tierwelt vor besondere Probleme. Kälte und Nahrungsmangel zu überstehen, erfordert besondere Anpassungen. Wechselwarme (poikilotherme) Tiere, wie die Amphibien und Reptilien, sind weitgehend von ihrer Umgebungstemperatur abhängig. Sie können ihre Körpertemperatur aktiv nicht wesentlich über die Umgebungstemperatur steigern. Den Winter überdauern sie in Kältelethargie in frostfreien Verstekken, erst die warmen Strahlen der Frühlingssonne rufen sie ins Leben zurück. Die meisten Säugetiere dagegen halten ihre Körpertemperatur unabhängig von der Umgebungstemperatur konstant, sie sind homoiotherm. Im Winter schützen sie sich vor der Kälte durch ein dickes Fell oder verkriechen sich wie Maulwurf, Spitzmäuse und Mäuse in schützende Quartiere unter der Erde. In jedem Fall muß ihnen ausreichend Nahrung zur Verfügung stehen, da sie ohne ständige Energiezufuhr erfrieren würden.

Die Vögel sind ebenfalls homoiotherm. Viele Arten entgehen dem Winter durch Wanderungen in wärmere Regionen, in denen sie auch ausreichend Nahrung finden. Einige der in den gemäßigten Zonen lebenden Fledermäuse wandern im Herbst ebenfalls in klimatisch günstigere Gebiete, aber auch dort kann sie der Winter erreichen, der ihnen durch das völlige Erliegen des Insektenlebens die Nahrungsgrundlage nimmt. Alle europäischen Fledermäuse haben daher, ebenso wie einige andere Säugetiere (zum Beispiel Igel, Murmeltier, Siebenschläfer), eine besondere Überlebensstrategie entwickelt: Sie legen sich im Herbst ein großes Depot von braunem Fettgewebe an und können dann mit Hilfe dieser Energiereserve die kalte und nahrungslose Zeit verschlafen. Depots von braunem Fettgewebe finden wir bei den Fle-

dermäusen besonders zwischen den Schulterblättern, aber auch am Hals und an den Flanken. Sie bewirken, daß im Herbst das Körpergewicht etwa 20 bis 30% höher liegt als im Frühjahr. Im Gegensatz zu den wechselwarmen Tieren sind sie aber der Kälte nicht völlig ausgeliefert. Sie kontrollieren ihre Körpertemperatur wie mit einem „Thermostat" und können diese aktiv, ohne äußere Energiezufuhr, wieder auf die normale Höhe steigern. Tiere mit dieser Fähigkeit werden als heterotherm bezeichnet. Auch in der warmen Jahreszeit sparen die Fledermäuse Energie, indem sie während des Tagesschlafes ihre Körpertemperatur weitgehend der Umgebungstemperatur angleichen. EISENTRAUT bezeichnet diesen Zustand als „Tagesschlaflethargie". In dieser Phase sind die Fledermäuse bei kühler Witterung (Körpertemperatur unter 20 Grad Celsius) nicht sofort flugfähig. Sie müssen daher vor Beginn des abendlichen Jagdfluges ihre Körpertemperatur auf den Normalwert anheben. Untersuchungen am Mausohr haben gezeigt, daß sich die Jungtiere in den ersten beiden Lebenstagen wie wechselwarme Tiere verhalten, also ihre Körpertemperatur nicht aktiv regeln können. Sie werden daher von den Müttern gewärmt. Erst wenn im Alter von etwa einem Monat das Fellwachstum der Jungtiere abgeschlossen ist, reagieren sie voll heterotherm.

Wasserfledermäuse (Myotis daubentoni) suchen im Winterquartier häufig enge Spalten auf.

Viele Fledermaus-Arten zeigen bei der Wahl ihrer Hangplätze im Winterquartier eine große Anpassungsfähigkeit. Hier hat sich eine Wasserfledermaus (Myotis daubentoni) in einem unterirdischen Stollen in von Wurzelwerk durchwachsenem Erdreich verborgen.

Mit der Zunahme kalter Nächte im Herbst stellt sich der Organismus der Fledermäuse langsam auf den Winterschlaf um. Ab Oktober/November werden die Winterquartiere aufgesucht, wobei der genaue Zeitpunkt sowohl von der Außentemperatur als auch von der jeweiligen Art und wahrscheinlich auch von einem inneren Zeitgeber abhängt.

Jede Art hat eine bestimmte Vorzugstemperatur für ihren Hangplatz im Winterschlaf, alle benötigen eine möglichst hohe Luftfeuchtigkeit im Quartier, um gegen Austrocknung geschützt zu sein. Oft ist die Luft mit Wasserdampf gesättigt, so daß die Tiere dann über und über mit Tautropfen bedeckt sind. Nach der Wahl des Hangplatzes im Winterquartier lassen sich drei Gruppen von Fledermäusen unterscheiden:

Arten der ersten Gruppe hängen immer frei mit den Hinterfüßen an der Decke (Hufeisennasen), die der zweiten Gruppe können ebenfalls frei an der Decke oder an der Wand hängen, suchen aber oft mikroklimatisch günstige Nischen, Schächte oder Spalten auf (zum Beispiel Mausohr, Wasserfledermaus), die zur dritten Gruppe gehörenden Arten (zum Beispiel Zwergfledermaus) ziehen in der Regel enge Spalten vor, in denen sie möglichst allseitig Körperkontakt mit den Wänden haben. Die Variabilität in der Hangplatzwahl ist in den Gruppen zwei und drei sehr groß; wo sich die Tiere

◀ *Durch die hohe Luftfeuchtigkeit im Winterquartier sind die Fledermäuse, wie hier eine Wasserfledermaus (Myotis daubentoni), häufig mit großen Tautropfen bedeckt.*

Großes Mausohr (Myotis myotis) in typischer Winterschlafhaltung einer freihängenden Glattnasen-Fledermaus. Die Flughäute hüllen den Körper nur teilweise ein, der Schwanz ist auf den Bauch geschlagen. ▶

Die lang ausgestreckten Beine zeigen, daß diese Kleine Hufeisennase (Rhinolophus hipposideros) ungestört in einer Karsthöhle ihren Winterschlaf hält. Diese Art hüllt sich im Winterschlaf stets völlig in die Flughäute ein.
▼

Langohr-Fledermäuse schlagen in Tageslethargie und im Winterschlaf ihre großen Ohrmuscheln zurück und klemmen sie unter die Unterarme, nur die Ohrdeckel stehen dann gerade nach vorn. Links Graues Langohr (Plecotus austriacus), rechts Braunes Langohr (Plecotus auritus).

schließlich anhängen, dürfte von den Möglichkeiten im Quartier und besonders vom Mikroklima abhängen.

Die Fledermäuse reduzieren im Winterschlaf und in der Tagesschlaflethargie Wärmeverluste zusätzlich durch bestimmte Körperhaltungen. Die Hufeisennasen hüllen sich in ihre Flughäute wie in einen Mantel ein. Die Langohrfledermäuse klappen ihre langen, gut durchbluteten Ohrmuscheln zurück und klemmen sie unter die Flügel, alle anderen Glattnasen pressen Flügel und Schwanzflughaut eng an den Körper und verringern so ihre Körperoberfläche.

Bei der tiefgreifenden Umstellung aller Körperfunktionen und besonders des Stoffwechsels auf die „Sparflamme“ des Winterschlafes spielen komplizierte hormonelle Regelmechanismen eine Rolle. Sie bewirken, daß Herz- und Atemfrequenz sowie Körpertemperatur drastisch absinken. Nach Untersuchungen des Zoologen KULZER erreicht die Herzfrequenz der Mausohrfledermaus bei Erregung bis 880 Schläge pro Minute, in der Ruhephase liegt sie bei 250 bis 450, im tiefen Winterschlaf dagegen nur bei 18 bis 80. Die Atemfrequenz beträgt in der Aufwachphase 4 bis 6/sec. Im Winterschlaf ist sie stark herabgesetzt, es kommen Atempausen von 60 bis 90 Minuten vor, so daß die Tiere wie tot wirken.

Aktive Mausohren haben eine Körpertemperatur um 40°C, im tiefen Winterschlaf dagegen liegt ihre Körpertemperatur zwischen 0°C bis 10°C. Winterschlafende Fledermäuse stellen ihre Körpertemperatur in der Regel 1 bis 2°C höher ein als die Umgebungstemperatur. Durch diese starke Drosselung aller Lebensvorgänge wird eine erhebliche Energieeinsparung erreicht.

Auch in der Medizin hat man sich die Energieeinsparung durch Senkung der Körpertemperatur zunutze gemacht, ohne dabei auch nur entfernt die Vollkommenheit der Fledermäuse zu erreichen. Da der Mensch homoiotherm ist, kommt es bei einer äußeren Abkühlung sofort zu einer Gegenregulation. Die Körpertemperatur wird durch Stoffwechselsteigerung konstant gehalten. Mit bestimmten Medikamenten kann man durch eine Blockade des vegetativen Nervensystems diese Gegenregulation ausschalten und anschließend durch Abkühlung z.B. mit Eisakkus Körpertemperaturen von 20°C und tiefer erreichen. In dieser Hypothermie sinkt der Sauerstoffverbrauch des Menschen auf 25 bis 30% des Ausgangswertes. Durch diese starke Stoffwechseldrosselung kann man hoch fieberhafte Erkrankungen besser behandeln und komplizierte Operationen leichter durchführen.

Erwacht eine Fledermaus spontan oder durch einen Weckreiz

Beim Erwachen aus dem Lethargiezustand eilt die Herzfrequenz (Hf) der Körpertemperatur (Kt) voraus. Sie überschreitet zunächst den normalen Ruhewert im Wachzustand beträchtlich und pendelt sich nach kurzer Zeit auf diesen Wert ein (Mausohr, nach Kulzer, 1967). UT Umgebungstemperatur

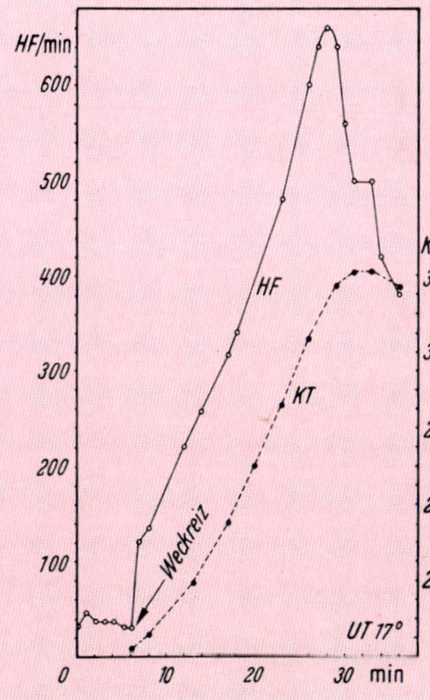

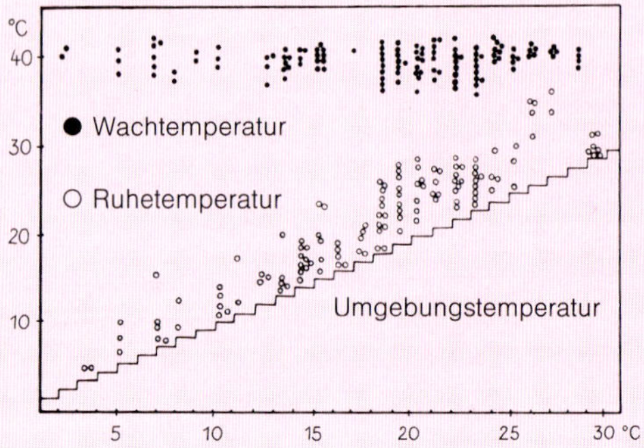

Ruhe- und Wachtemperatur beim Mausohr
Die Messungen an zahlreichen Tieren zeigen, daß die Ruhetemperatur nur wenige Grade über der Umgebungstemperatur liegt (nach Kulzer, 1981).

aus dem Winterschlaf, steigen Atem- und Herzfrequenz rasch an. Die Sauerstoffversorgung der Gewebe wird dadurch verbessert und die Wärmeproduktion setzt langsam ein. Etwa 30 bis 60 Minuten nach dem Weckreiz haben die Tiere ihre normale Körpertemperatur wieder erreicht. Das Aufwachen dauert um so länger, je tiefer die Körpertemperatur im Winterschlaf ist und je geringer die Energiereserven des Tieres sind. In der ersten Phase des Aufwachens erfolgt die Wärmeproduktion vorwiegend durch die Verbrennung des braunen Fettgewebes, in der zweiten Phase wird die Wärme überwiegend durch ein deutlich sichtbares Muskelzittern erzeugt.
Im tiefen Winterschlaf ist eine Fledermaus hilflos. Sie kann nur sehr langsam reflektorisch reagieren. Bei Berührung ziehen sich die Fledermäuse mit einem Klimmzug der Beine empor, sperren den Mund weit auf und geben langgezogene hohe Abwehrlaute von sich. Sie beißen in dieser Situation reflektorisch zu und halten ihre Kiefer lange fest geschlossen. Löst man die Tiere langsam von ihrer Unterlage, dann spreizen sie ihre Flügel und fallen, wie an einem Fallschirm hängend, mit kreiselnden Bewegungen zu Boden. Aus der Rückenlage können sie sich nur sehr mühsam umdrehen, dagegen gelingt ihnen das Festhalten an einer Unterlage wesentlich besser. Erst mit langsam steigender Körpertemperatur beherrschen sie schrittweise wieder alle Körperfunktionen und können schließlich wegfliegen.
Im Winterschlaf wirken bereits leichte Berührungen, längeres Anleuchten mit einer Taschenlampe oder häufiges Fotografieren unter Einsatz eines Blitzlichtgerätes als Weckreiz. Auch durch ein Absinken der Temperatur im Winterquartier unter die Vorzugstemperatur der jeweiligen Fledermausart wird das Tier geweckt. Die Tiere

Im Gegensatz zu den Glattnasen-Fledermäusen schlagen die Hufeisennasen ihren kurzen Schwanz in der Ruhephase auf den Rücken. Diese Kleine Hufeisennase (Rhinolophus hipposideros) zeigt bei einer Störung im Winterschlaf einen Schutzreflex: Sie zieht sich mit einem Klimmzug langsam an ihrem Hangplatz empor.

erwachen und suchen sich mikroklimatisch günstigere Hangplätze. Mitunter wechseln sie im Winter sogar das Quartier. Längere Wachphasen sind im Winter jedoch für die Fledermäuse gefährlich, da ihre Energiereserven zu schnell verbraucht werden. Es besteht dann die Gefahr, daß ihnen im Frühjahr nicht mehr genug Energie für den Aufwachvorgang zur Verfügung steht oder die Kraft für den notwendigen Nahrungserwerb nicht mehr ausreicht. Wärme- und damit Energieverluste im Winterschlaf können durch Bildung von Gruppen (Cluster) verringert werden. Die Tiere hängen dann entweder dicht beieinander oder gar dachziegelartig übereinander. Durch diese soziale Thermoregulation haben Fledermäuse im Inneren einer solchen Gruppe geringere Wärmeverluste als einzelne, freihängende Tiere. Abgesehen von den Hufeisennasen, die im Winterschlaf immer auf Distanz zu ihren Nachbarn frei hängen, ist wahrscheinlich bei allen europäischen Fledermausarten Clusterbildung möglich. Es gibt Cluster, die nur von einer Art gebildet werden, es wurden aber auch bis zu fünf Arten in solchen Ansammlungen festgestellt, wobei dann meist eine Art domi-

niert. Derartige Clusterbildungen sind zum Beispiel für das Mausohr, den Abendsegler und die Zwergfledermaus typisch. Fledermäuse schlafen nicht ununterbrochen im Winterschlaf, sondern sie erwachen mehrmals spontan. Die Länge der einzelnen Schlafphasen ist von einem inneren Zeitgeber („innere Uhr"), der Temperatur im Winterquartier, dem Zeitabschnitt (Beginn, Mitte, Ende) des Winterschlafes und von der jeweiligen Art abhängig. Sie kann von wenigen Tagen bis zu ein bis zwei Monaten reichen. Während der kurzen Wachphasen fliegen die Tiere im Winterquartier umher, geben Kot und Urin ab und nehmen eventuell auch Wasser und Beutetiere auf. Bei einigen Arten, wie der Wasserfledermaus und der Mopsfledermaus, können in den Wachphasen auch Paarungen erfolgen. Der Winterschlaf wird im Frühjahr (März/April) beendet. Der genaue Zeitpunkt ist sowohl von inneren Regelmechanismen als auch von der Außentemperatur abhängig.

◄ *Im Winterschlaf sind Fledermäuse weitgehend hilflos. Das auf den Rükken gelegte Große Mausohr (Myotis myotis) hat die Flügel reflektorisch ausgebreitet und führt mit den Füßen langsame Greifbewegungen aus.*

Großer Cluster von frei an der Decke eines Betonstollens hängenden Großen Mausohren (Myotis myotis). ►

Gemischter Cluster aus Wasserfledermäusen (Myotis daubentoni), einem Großen Mausohr (Myotis myotis) rechts oben und Mopsfledermäusen (Barbastella barbastellus) links.
▼

Auf Wanderschaft in frostfreie Winterquartiere

Zwischen Sommer- und Winterquartier legen die Fledermäuse mehr oder weniger lange Wanderungen zurück. Man kann daher wandernde, wanderfähige und ortstreue Arten unterscheiden. Typische Vertreter der wandernden Arten sind der Abendsegler und die Rauhhautfledermaus, die in der Regel ihre Sommerbiotope verlassen und bis zu ihren weiter südlich gelegenen Winterquartieren oft über 1000 Kilometer zurücklegen. Wandernde Arten, zum Beispiel die Teichfledermaus und das Mausohr, legen auf dem Weg zu ihrem Winterquartier bis über 100 Kilometer zurück, wogegen ortstreue Arten (zum Beispiel Hufeisennasen, Langohren, Zwergfledermäuse) in der Regel 20 bis 50 Kilometer nicht überschreiten. Da die wandernden Arten Gebiete mit milderem Klima aufsuchen, lassen sie bei ihren Wanderungen eine eindeutige Zugrichtung erkennen. Die wanderfähigen und ortstreuen Fledermäuse dagegen kommen aus allen Richtungen in ihr Winterquartier. Immer

Wanderwege und Wiederfundorte von auf dem Gebiet der BRD und der DDR beringten Großen Abendseglern (Nyctalus noctula)
⟶ im Sommerquartier beringte Tiere
---→ im Winterquartier beringte Tiere
(nach Heise und Schmidt, 1979).

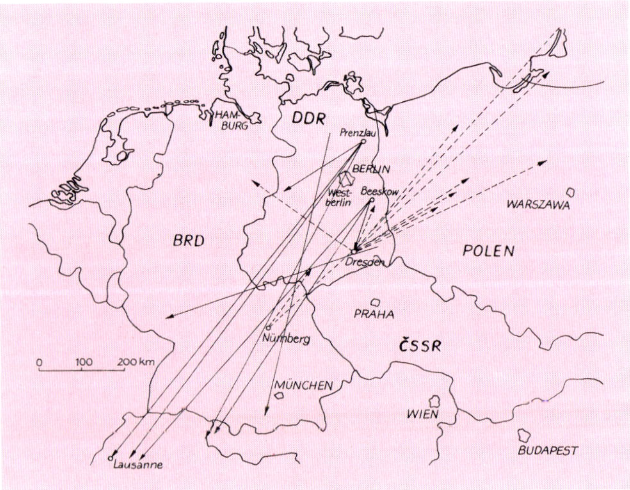

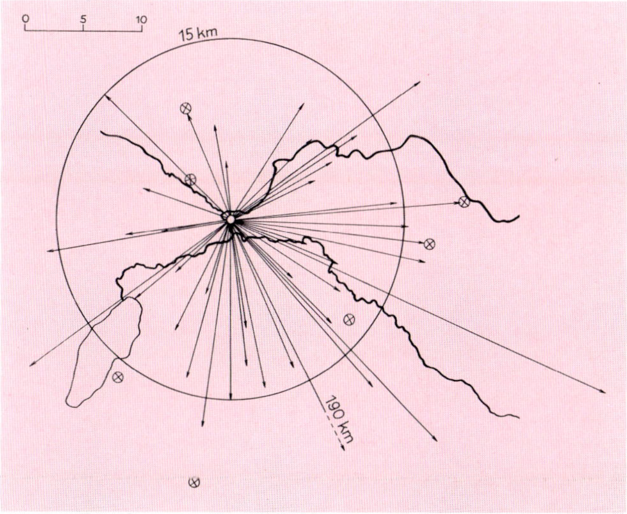

wieder wird beobachtet, daß einzelne Tiere der beiden letzten Gruppen auch Entfernungen zurücklegen, die weit über dem Durchschnitt ihrer Artgenossen liegen. Die Gründe dafür sind noch weitgehend unbekannt. Im Gesamtareal einer Art kann außerdem das Wanderverhalten einzelner lokaler Populationen unterschiedlich sein. Alle an der Nordgrenze des Verbreitungsgebietes lebenden Populationen legen längere Strecken zurück als die weiter südlich lebenden, mehr ortstreuen Populationen der gleichen Art.
Rekordhalter unter den wandernden Fledermäusen sind Rauhhautfledermaus und Großer Abendsegler mit Weiten bis zu 1600 km.

Wanderwege von Zwergfledermäusen (Pipistrellus pipistrellus), die in der Demminer Kirche (Mecklenburg) beringt wurden (Winterquartier)
Orte mit Wochenstuben sind durch ein Kreuz gekennzeichnet (nach Grimmberger und Bork, 1979).

Beringung

Die Wanderwege der Fledermäuse lassen sich nur durch Markierung der Tiere klären. Als erster in Europa begann 1932 EISENTRAUT in Deutschland mit der Fledermausberingung. Die dafür geschaffenen Ringe (eigentlich Klammern) werden so am Unterarm der Fledermaus angelegt, daß sie noch frei verschiebbar sind. Die Ringe werden von den Beringungszentralen der Länder in unterschiedlichen Größen ausgegeben und tragen neben der Registriernummer die Kurzanschrift der Zentrale. Ihr Gewicht liegt je nach Ringtyp zwischen 0,19 und 0,10 Gramm; sie behindern dadurch das Flugvermögen der Tiere nicht. Der Ring wird jedoch von den Tieren zunächst als Fremdkörper empfunden, sie beißen auf ihm herum und pressen ihn bei ungeeignetem weichem Material stark zusammen, so daß Verletzungen der Flughaut möglich sind. Infolge der guten Regenerationsfähigkeit der Flughaut heilt eine solche Verletzung meistens gut ab. Höchstalter von über 20 Jahren und erfolgreiche Wanderungen über tausend Kilometer lassen den Schluß zu, daß die Beringung die Tiere nicht wesentlich gefährdet. Trotzdem sollte man kritisch bedenken, ob es heute noch notwendig ist, jedes Tier, jede Population zu beringen. Die Beringung sollte nur noch dann durchgeführt werden, wenn sie zur Lösung wissenschaftlicher Fragen beiträgt. Das Ergebnis sollte direkt oder indirekt auch dem Schutz der Tiere dienen. Grundsätzlich ist es verboten, in Wochenstuben zu beringen, und außerdem sind alle in ihrem Bestand stark gefährdeten Arten von der Beringung auszunehmen. In Europa wurden seit Einführung der Fledermaus-Markierung bei vielen Arten weit über zehntausend

Fledermaus-Ring (Armklammer)
Der Fledermaus-Ring wird am Unterarm angebracht und trägt die wichtigsten Daten der Beringungszentrale.

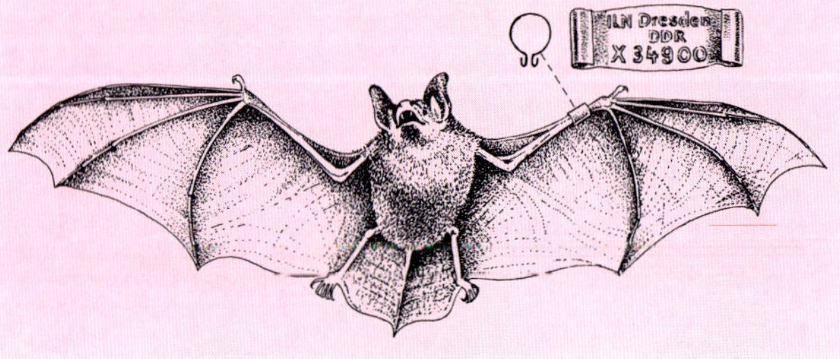

Tiere beringt. Diese stattliche Zahl hat dazu beigetragen, daß viele Fragen gelöst werden konnten. Aus der Fülle der Ergebnisse sollen hier genannt werden:

- Aufklärung der Wanderungen zwischen den einzelnen Quartiertypen, speziell zwischen Sommer- und Winterquartieren
- Heimfindevermögen
- Quartiertreue
- Hangplatzwechsel im Winterquartier, Dauer der Schlafphasen (Markierung mit Farbringen)
- Altersstruktur der Population, Höchstalter, Fortpflanzungsalter.

Für viele mitteleuropäischen Arten ist also durch die Beringung kein wesentlicher Erkenntniszuwachs mehr zu erwarten.

nehmen oder aus nicht zu tiefen Spalten herausziehen. Hängen Tiere in größerer Höhe an der Decke, sollten Helfer zusätzlich ein „Sprungtuch" unter dem Tier aufspannen.

Im Sommer ist der Fledermausfang wesentlich schwieriger. Vor Höhleneingängen, über kleineren Teichen und Flußläufen, auf Wegen oder Schneisen ist der Fang mit einem nicht zu straff, quer zur Flugrichtung gespannten Japannetz (zum Beispiel 6 m lang, 2,70 m hoch, Maschenweite 19 mm) möglich. Um den richtigen Netzstandort auszuwählen, ist es ratsam, am Abend zuvor die Flugwege der Fledermäuse zu beobachten. Das Netz darf nie ohne Aufsicht gelassen werden, da sich die Tiere sonst stark in ihm verwikkeln können und sich verletzen.

Was tun, wenn wir eine beringte Fledermaus finden?

- Wird eine lebende, beringte Fledermaus gefunden, so ist sie nach Ablesen des Ringes sofort wieder freizulassen.
- Die Ringnummer ist unter Angabe der Fundumstände, möglichst auch von Art und Geschlecht des Tieres der Beringungszentrale oder der nächsten Naturschutzstelle mitzuteilen.
- Bei einer toten Fledermaus sollte der Ring abgenommen und zusammen mit der Meldung eingeschickt werden.
- Wenn möglich, ist das tote Tier (Konservierung in Alkohol) einem zoologischen Museum als wissenschaftlicher Beleg zuzuleiten.

Ist mit Genehmigung der zuständigen Naturschutzbehörde der Fang von Fledermäusen erforderlich (zum Beispiel Zerstörung des Quartiers, Beringung), können folgende hier grob dargestellte Fangmethoden zur Anwendung kommen: Im Winterquartier kann man die Fledermäuse relativ einfach vorsichtig von der Decke ab-

Größere Arten beißen auch sehr schnell Löcher in die Netze.

Während des Ausfluges aus einem Quartier (Baumhöhle, Dachboden u. a.) kann man die Fledermäuse mit einem davorgespannten Sack aus Plastik oder Gaze abfangen. Sehr bewährt hat sich auch die von CONSTANTINE beschriebene Falle, die aus einem mit Nylon-

Große Bartfledermaus (Myotis brandti) im Japan-Netz.

fäden bespannten rechteckigen Rahmen besteht (Fadenabstand 5 cm, Fadenstärke 0,1 mm). Das untere Drittel des Rahmens ragt in einen ausreichend tiefen, ebenfalls an einem Rahmen befestigten Plastiksack hinein. Der obere, an eine Harfe erinnernde Teil wird vor der Ausflugsöffnung angebracht. Die Fledermäuse fliegen gegen die Fäden und rutschen an ihnen nach unten in den Plastiksack, aus dem sie nicht entkommen können. Auch hier sollte die Falle ständig beaufsichtigt werden. Sind die Hangplätze zugängig, dann kann man die Tiere auch dort abnehmen (nicht in Wochenstuben mit unselbständigen Jungen!). Für Fangaktionen am Hangplatz sollte man kühle Tage auswählen, da die Tiere sonst sehr aktiv sind und große Arten auch kräftig zubeißen.

Beim Anfassen der Fledermäuse sollten Handschuhe getragen oder ein festes Tuch benutzt werden.

Schützt unsere Fledermäuse!

Die europäischen Fledermäuse haben nur wenige natürliche Feinde. Unter den Vögeln sind es vor allem Waldkauz (*Strix aluco*) und Schleiereule (*Tyto alba*), die Fledermäuse beim Ausflug oder in einer Wochenstube erbeuten können. Arten, die schon am späten Nachmittag oder in der frühen Abenddämmerung fliegen, können auch von Falken erbeutet werden. Unter den kleinen Raubsäugetieren wurden für den Steinmarder (*Martes foina*) Fledermäuse als Beutetiere nachgewiesen. Hauskatzen beißen Fledermäuse meistens nur tot und lassen sie dann – ähnlich wie Spitzmäuse – liegen. In außereuropäischen Ländern wurde beobachtet, daß Schlangen (zum Beispiel Gattung *Coluber* und *Elaphe*) sich auf den Fang von Fledermäusen an deren Schlafplätzen oder bei deren Vorbeiflug spezialisiert hatten.

Die im Fell und auf den Flughäuten aller Fledermausarten lebenden Ektoparasiten (Flöhe, Wanzen, Fledermausfliegen, Zecken, Milben) sind sicherlich ihrem Wirt mehr oder weniger lästig, dürften jedoch nur in Ausnahmefällen einem kranken oder geschwächten Tier gefährlich werden. Als Überträger von Krankheiten, die auch den Menschen befallen können, spielen die europäischen Fledermäuse – im Gegensatz zu manchen Nagetieren – in der Regel keine Rolle. Da aber im Ausnahmefall wie bei allen Säugetieren auch bei ihnen eine Tollwutinfektion vorliegen kann, sollten Fledermäuse – besonders flugunfähige oder sich anormal verhaltende Tiere – nur mit Handschuhen angefaßt werden. Das gilt besonders für große, kräftige Arten!

Es sind nicht die wenigen natürlichen Feinde, die seit einigen Jahrzehnten den Fortbestand vieler Fledermausarten gefährden, sondern es ist der Mensch mit seiner modernen Industriegesellschaft, der die Existenz der Fledermäuse so stark bedroht, daß regional einige Fledermausarten bereits ausgestorben sind. Nach Untersuchungen von ROER sind die Große und die Kleine Hufeisennase seit den sechziger Jahren aus ihren Verbreitungsgebieten im westlichen Mitteleuropa verschwunden. In manchen Gebieten gibt es kaum noch Fortpflanzungsnachweise, so daß dort mit einem Aussterben dieser Arten zu rechnen ist. Auch für die Mausohrfledermaus ist, besonders in den nördlichen Verbreitungsgebieten, ein Bestandsrückgang zu verzeichnen. Es gibt Populationen, die derzeit nur noch 20% ihrer Ausgangsstärke erreichen, an verschiedenen Orten sind die Wochenstuben bereits erloschen.

Es bleibt zu hoffen, daß zumindest regional größere Populationen optimale Lebensbedingungen vorfinden und die Individuen das hohe Alter erreichen, das die Arterhaltung gewährleistet.

Als besondere Faktoren, die für den drastischen Rückgang der Fledermausbestände verantwortlich sind, möchten wir nennen:

- Verringerung oder Vernichtung der Nahrungsgrundlage durch den Einsatz von Insektenbekämpfungsmitteln (Pestizide) und direkte Giftbelastung der Fledermäuse durch vergiftete, aber noch lebende Nahrungsinsekten
- Zerstörung naturnaher Landschaften und Lebensräume
- Zerstörung von Fledermausquartieren (Abriß oder Modernisierung von Altbauten, hermetischer Abschluß von Dachböden, Zerstörung oder völliger Verschluß von unterirdischen Hohlräumen und alten Kellergewölben, Fällen von Höhlenbäumen)
- Einsatz von für Warmblüter hochgiftigen Holzschutzmitteln in Fledermausquartieren (z. B. in Dachstühlen)
- Starke Beunruhigung und Tötung von Fledermäusen durch Menschen
- Unfalltod in als Fledermausfallen wirkenden, oben offenen Gefäßen oder Rohren
- Ungünstige klimatische Faktoren (erhöhte Mortalität der aus dem Winterschlaf erwachenden Tiere und der Jungtiere bei längerem naßkalten Frühjahrs- oder Sommerwetter)

Diesen Faktoren sind alle Fledermausarten einer bestimmten Region mehr oder weniger gleichmäßig ausgesetzt. Es ist jedoch bemerkenswert, daß nicht alle in gleicher Intensität geschädigt werden. Populationen der Fransenfledermaus, des Braunen Langohrs und der Zwergfledermaus lassen kaum einen Rückgang erkennen. Für die Wasserfledermaus ist in den letzten Jahren für West- und Mitteleuropa sogar eine Bestandszunahme festgestellt worden. Dagegen zeigt die so kälteresistente Mopsfledermaus in vielen Gebieten einen ebenso drastischen Rückgang, wie er für das wärmeliebende Mausohr und die Hufeisennasen bereits erwähnt wurde. Eine eindeutige Erklärung für diese unterschiedliche Reaktion der verschiedenen Arten liegt bisher nicht vor. Es wäre denkbar, daß die Beuteinsekten der einzelnen Arten unterschiedlich stark durch Insektizide und durch die Zerstörung der Naturlandschaft betroffen werden.

Alle Fledermausarten sind gesetzlich geschützt, nicht nur in den beiden deutschen Staaten, sondern auch in den meisten europäischen Ländern; in einigen Ländern sind sie in den Roten Listen der vom Aussterben bedrohten Tierarten erfaßt. Doch der gesetzliche Schutz allein hält den Rückgang nicht auf! Fledermausschutz muß, wie aller Schutz von Tierarten, vor allem Biotopschutz sein. Es muß erreicht werden, daß die Lebensräume und Aufenthaltsorte erhalten bleiben.

Für die Winterquartiere gilt daher, sie vor unbefugten Besuchern zu sichern. Das Anbringen von Gittertüren mit waagrechten Stäben vor Stolleneingängen oder ein Einflugschlitz (50 bis 75 cm breit, 15 cm hoch) in zugemauerten Eingängen zu unterirdischen Räumen ermöglicht den Fledermäusen weiterhin einen ungehinderten Zugang zu ihren Quartieren. In Winterquartieren mit zu glatten, fugenlosen Wänden kann man Hangplätze durch Befestigung von Hohlblocksteinen oder Brettern (Abstand zur Wand 2 bis 4 cm) an der Decke oder an den Wänden schaffen. Zur Verbesserung des Mikroklimas ist es ratsam, zu große Deckenöffnungen oder Eingänge in das Winterquartier zu verschließen oder zu verkleinern.

Zur Erhaltung der Sommerquartiere auf Dachböden müssen die Einflugöffnungen und Einschlupfe bei Dachrekonstruktionen erhalten werden. Geeignet sind dafür in das Dach eingefügte Lüfterziegel, von denen der Siebeinsatz entfernt wird, oder in die Giebelwände eingelassene Tonröhren. Die Hufeisennasen benötigen einen freien Einflug, dessen Öffnungen 20x30 cm betragen sollten. Wichtig ist, daß verwilderte Tauben möglichst keinen Zugang zu Dachräumen haben, in denen Fledermäuse leben.

Manchmal stört die Hausbewohner der Kot unter den Hangplätzen. Hier kann man durch ausgelegte oder aufgespannte Plastikfolien Abhilfe schaffen und darauf hinweisen, daß Fledermaus-Guano wertvoller Blumen- und Gartendünger ist.

In bekannten Wochenstubenquartieren sind Dacharbeiten und Holzschutzmaßnahmen nur in der Zeit von Oktober bis Februar vorzunehmen.

Die Hangplätze sollten möglichst keine Veränderungen erfahren.

Da Holzschutzmittel mit chlorierten Kohlenwasserstoffen (Lindan, PCP, Hylotox) mona-

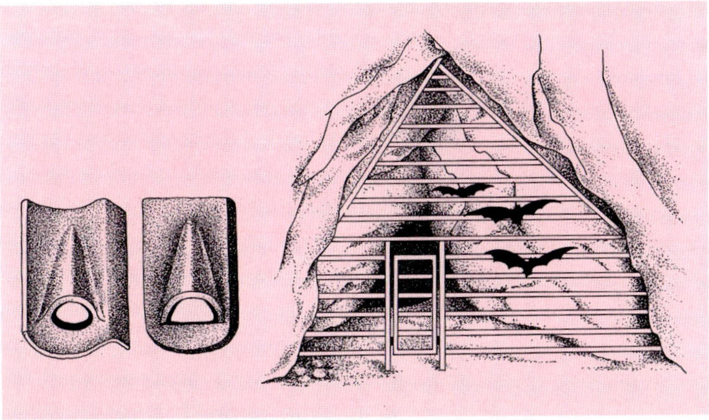

Spezielle Dachziegel mit Öffnungen, sogen. Lüfterziegel (links), ermöglichen den Fledermäusen den Zutritt zu ihren Quartieren auf Dachböden.
Die Vergitterung der Ein- und Ausflugöffnungen von Höhlen und Stollensystemen (rechts) schützt die Winterquartiere vor unbetugtem Zutritt.

Kontrolle eines Fledermauskastens
In diesem dicht an einem See gelegenen Buchen-Nadelholz-Mischwald kommen der Große Abendsegler (Nyctalus noctula), Rauhhautfledermaus (Pipistrellus nathusii) und Zwergfledermaus (Pipistrellus pipistrellus) vor.

te-, ja jahrelang vergiftend auf die Fledermäuse wirken, ist es ratsam, diese Mittel nicht einzusetzen, sondern für Warmblüter ungefährliche Mittel, zum Beispiel Präparate auf Permethrin-Basis, zu verwenden.
Auch eine Bekämpfung von Holzschädlingen mit dem Heißluftverfahren ist in Betracht zu ziehen. Sind die „ungiftigen" Verfahren nicht realisierbar, dann sollte versucht werden, die Hangplätze vor der Begiftung des Dachstuhles mit alten, nicht imprägnierten Brettern abzudecken.
Dort, wo Fledermäuse außen an den Häusern hinter Fensterläden oder Holzblenden leben, sind diese nach Möglichkeit zu erhalten. Als Ersatz oder Quartierhilfe können Fledermausbretter (Abstand zur Hauswand 2 bis 3 cm) an einer sonnigen Wand angebracht werden.
Für die Waldfledermäuse ist der Erhalt von Bäumen mit Höhlen von entscheidender Bedeutung. In den letzten Jahren hat sich auch das Anbringen von Fledermauskästen als Ersatzhöhlen bewährt. Nicht nur Erstnachweise von Fledermäusen sind dadurch in bestimmten Gebieten gelungen, sondern in Einzelfällen auch echte Neuansiedlungen.
Welcher der verschiedenen

Kastentypen aus Holz oder Holzbeton am besten geeignet ist, läßt sich schwer sagen, da die Fledermäuse eine große Anpassungsfähigkeit zeigen. Besonders bewährt hat sich in der DDR der von STRATMANN entwickelte FS 1-Kasten. Dieser schmale Kasten ist wenig materialaufwendig und leicht zu bauen. In ihm wurden Wochenstuben von Rauhhaut- und Zwergfledermaus, Kleinem und Großem Abendsegler, Braunem Langohr und Großer Bartfledermaus gefunden. Einzelnachweise erfolgten weiterhin von Wasserfledermaus, Fransenfledermaus, Breitflügelfledermaus und Mausohr. Eine Verbesserung der Kästen hat die von HEISE vorgeschlagene Ummantelung mit unbesandeter

Verschiedene Typen von Fledermauskästen, die als künstliche Sommerquartiere für Waldfledermäuse geeignet sind

a *Ausgehöhlter Baumabschnitt (entspricht dem oberen Teil einer Spechthöhle)*
b *Ausgehöhlter Baumabschnitt mit spaltförmigem Eingang*
c *Holzbetonkasten (Modell nach ISSEL)*
d *Holzbetonkasten (Modell nach SCHWEGLER, 2 FN)*
e *Holzkasten (Niederländisches Modell)*
f *Holzkasten (Modell nach STRATMANN, FS 1)*
g *Holzbeton-Röhrenkasten (Modell nach NAGEL)*

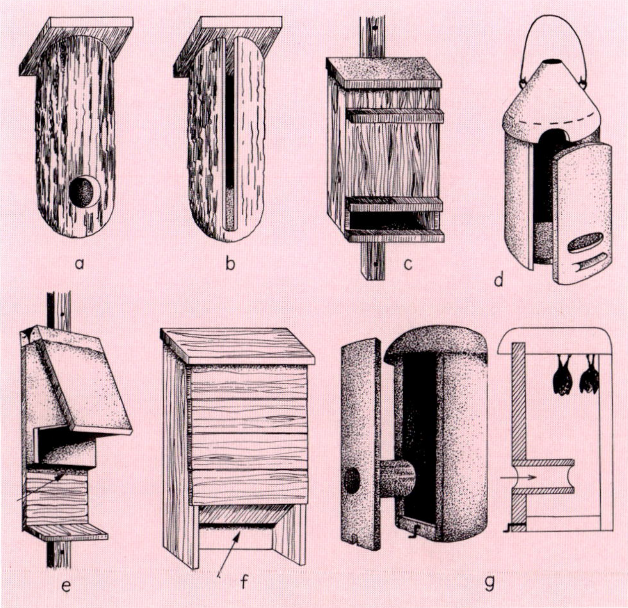

Dachpappe und die von ISSEL durchgeführte Umhüllung mit dunkel gestrichenem Blech ergeben. Durch eine höhere Wärmeabsorption wird das Mikroklima günstiger. Die Kästen sind außerdem weitgehend vor Beschädigungen durch den Buntspecht geschützt. Beim Kastenbau ist zu beachten, daß die Bretter etwa 15 mm stark sein müssen. Sie dürfen nicht imprägniert werden und müssen an der Innenseite rauh bleiben.

In 3–5 Meter Höhe werden sie mit Leichtmetallstiften, Holzschrauben oder an einem Drahtbügel frei hängend, möglichst an der Sonnenseite des Stammes befestigt. Der Einflug zum Kasten sollte nicht durch Äste behindert werden. Da die Baumfledermäuse häufig ihr Quartier wechseln, sollten 5–10 Kästen im Abstand von 20–50 Metern an Rändern von Wegen, Schneisen oder Lichtungen angebracht werden. Selbst wenn die Kästen nicht von Fledermäusen bezogen werden, dienen sie oft anderen nützlichen Tieren als Quartier. In FS 1-Kästen können zum Beispiel Baumläufer brüten, in anderen Kastentypen Blaumeisen, es siedeln sich aber auch Hornissen oder Wespen an.

Geraten Fledermäuse durch Zufall oder die Zerstörung ihres Quartiers in Menschenhand, sollte man sie unverzüglich freilassen. Machen die Tiere einen geschwächten oder kranken Eindruck, sind sie unter Beachtung der bereits genannten Vorsichtsmaßnahmen einem Tierarzt, einem Zoologischen Garten oder einer ähnlichen Einrichtung zu übergeben. Im Winter können sie dort in einem künstlichen Quartier mit konstanter Lufttemperatur um +3 – 6°C bei hoher Luftfeuchtigkeit überleben. Es muß Wasser für das zwischenzeitliche Erwachen angeboten werden.

Im Sommer müssen geschwächte oder verletzte Fledermäuse zunächst Wasser aus einer Pipette zu trinken erhalten. Zur Fütterung eignen sich Mehlwürmer (Larven des Mehlkäfers *Tenebrio molitor*). Anfangs werden frisch gehäutete oder zerteilte Mehlwürmer, die zuvor mit einer Pinzette durch Druck auf den Kopf getötet wurden, angeboten. Bei der Fütterung und der Gabe von Wasser muß die Fledermaus so in der Hand gehalten werden, daß die Flügel an den Körper angelegt sind und nur der Kopf herausschaut. Bei größeren Arten sollte man zum Schutz vor Bissen immer Lederhandschuhe anziehen. Mit einiger Geduld muß man der Fledermaus immer wieder einen halben Mehlwurm in den Mund schieben. Sie wird anfangs nur den weichen Inhalt des Mehlwurmes fressen, die Chitinhülle aber verschmähen. Meist lernen die Fledermäuse nach 2 – 3 Tagen, am Boden aus einem flachen Napf selbständig zu fressen und Wasser zu trinken. Hufeisennasen können dagegen nur im Hängen fressen und trinken.

Da die Ernährung mit Mehlwürmern sehr einseitig ist, müssen ein- bis zweimal in der Woche Polyvitaminpräparate und ein kalkhaltiges Mineralsalzgemisch, wie es in der Tierzucht Verwendung findet, verabreicht werden. Sehr günstig ist die zusätzliche Fütterung von Fliegen, Mücken und Nachtfaltern. Der tägliche Nahrungsbedarf von bis zu einem Drittel des Körpergewichtes muß unbedingt berücksichtigt werden! In ihrem

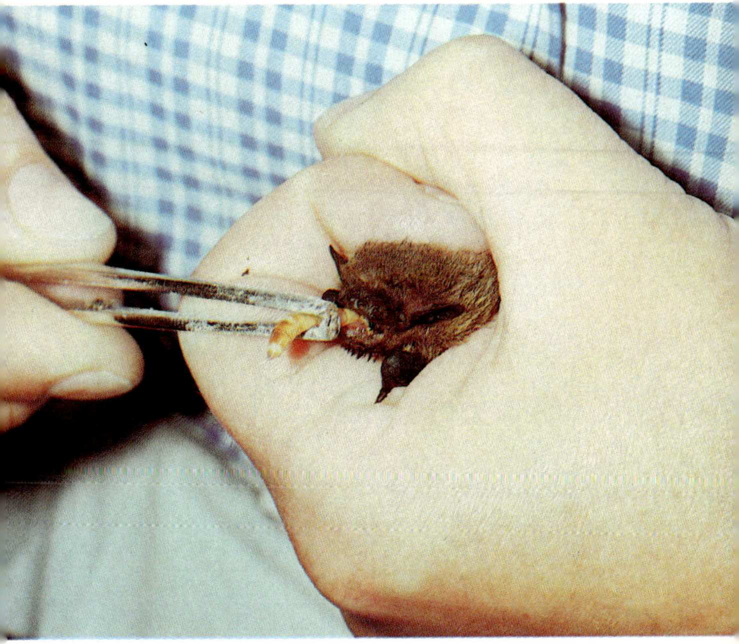

Quartier müssen die Tiere die Möglichkeit haben sich aufzuhängen. Optimal ist die Unterbringung der Tiere in einem Freiflugkäfig, ein größeres Terrarium kann nur ein Notbehelf sein. In jedem Fall sollten die Tiere täglich trainieren können. Dabei ist in den ersten Tagen meist eine große Geduld erforderlich. Haben sie sich gut erholt, zeigen ein normales Körpergewicht und ein ausdauerndes, normales Flugverhalten, sind sie bei günstiger Witterung in der Nähe des ursprünglichen Fundortes freizulassen.

Die meisten Fledermäuse können in menschlicher Obhut zunächst nicht selbständig fressen, sondern müssen – wie diese Zwergfledermaus (Pipistrellus pipistrellus) – mit der Pinzette gefüttert werden.

Welche Fledermaus ist das?

Unsere europäischen Fledermäuse in Wort und Bild

Im folgenden Teil werden alle europäischen Fledermausarten nach einem festen Schema abgehandelt. Auf die Besprechung von Unterarten oder extrem selten nachgewiesenen Irrgästen wurde verzichtet. Der Text ist wie folgt eingeteilt:

▲ Kennzeichen: Merkmale, die für alle Arten einer Gattung typisch sind, werden bereits bei der Kurzbeschreibung der Gattung angeführt. Die Beschreibung der äußeren Merkmale (z.B. Färbung, Ohrform) wird durch die Farbfotos und die zum Bestimmungsschlüssel gehörigen Detailfotos und Zeichnungen ergänzt. Bei der Beurteilung der Ohrform ist die große Beweglichkeit des Ohres zu beachten. Die Ohrfotos zeigen das Ohr in weitgehend entspannter Form am wachen Tier. Unsichere Merkmale, wie das Überragen der Schnauzenspitze durch das nach vorn gelegte Ohr oder das Verhältnis der Daumenlänge zur Handgelenkbreite, werden nicht erwähnt. Zahnmerkmale sind mit einer Lupe zu beurteilen, sie weisen eine gewisse Variabilität auf und sind bei alten Tieren mit abgenutztem Gebiß schwerer zu erkennen.

▲ Körpermaße: Die Maße beziehen sich in der Regel auf das Hauptverbreitungsgebiet der Art, die Angabe erfolgt in Millimeter (mm) und Gramm (g), Extremmaße werden in Klammern angegeben. Die Körpermaße von Tieren einer Art sind im Süden des Verbreitungsgebietes oft niedriger als im Norden (Bergmannsche Regel). Weibchen sind im Durchschnitt größer als Männchen (Differenz in der Länge des Unterarmes etwa 1–1,5 mm). Das Körpergewicht ist im Herbst vor Beginn des Winterschlafes bzw. bei hochträchtigen Weibchen bis zu 30% höher als am Ende des Winterschlafes bzw. bei einem nichtträchtigen Tier.

▲ Färbungsanomalien: Soweit bekannt, werden Fälle von Pigmentanomalien, z.B. teilweiser oder völliger Albinismus, aufgeführt.

▲ Ähnliche Arten: Die Reihenfolge der Arten entspricht etwa der Größe der Verwechslungsgefahr, einzelne Merkmale müssen bei der jeweiligen Art oder im Bestimmungsschlüssel nachgeschlagen werden.

▲ Verbreitung: Die Angaben dienen lediglich der Orientierung. Zum Teil sind die Kenntnisse zur Verbreitung noch sehr lückenhaft.

▲ Biotop: Bei der Biotopbeschreibung ist die große Anpassungsfähigkeit einzelner Fledermausarten an unterschiedliche geographische und klimatische Bedingungen zu beachten. Das gleiche gilt für die Temperaturen in den Winterquartieren, die Art der Hangplätze und die Wochenstubenquartiere.

▲ Wanderungen: Eine genaue Einordnung des Wanderverhaltens ist bei wenig erforschten Arten nicht möglich. Zu beachten ist, daß selbst Einzeltiere von ortstreuen Arten im Ausnahmefall weite Wanderungen unternehmen können. Die Angaben zur bisher weitesten Wanderung beziehen sich nicht immer auf eine Saison (Sommer/Winter), zum Teil liegen mehrere Jahre zwischen der Beringung und dem Wiederfund.

▲ Fortpflanzung: Termine, wie Beginn und Ende des Winterschlafes, Bildung der Wochenstuben und Geburt der Jungen, variieren in Abhängigkeit vom Klima. Bei der Angabe der Geburtstermine ist zu beachten, daß die Jungen nach einem kalten Frühjahr deutlich später geboren werden. Da Tragzeiten durch ihre Klimaabhängigkeit stark variieren, wurde auf ihre Angabe verzichtet.

▲ Höchstalter: Es wird das bisher erreichte Höchstalter der jeweiligen Art angegeben; das tatsächliche Höchstalter dürfte bei einigen noch höher liegen. Das Durchschnittsalter liegt in jedem Falle wesentlich unter dem Höchstalter.

▲ Jagd und Nahrung: Auf Beutelisten, die bereits für einige Arten existieren, wurde bewußt verzichtet. Die Zeit des Ausfluges, die Dauer des Jagdfluges, die Flughöhe und die Art des Jagdrevieres können stark variieren, sie hängen wesentlich von der Jahreszeit, der Witterung und der Art der Beutetiere ab. Eine Artbestimmung allein nach dem Flugbild ist bei den meisten Arten nicht möglich, erst der zusätzliche Einsatz eines Bat-Detectors bringt größere Sicherheit.

▲ Laute: Eine Beschreibung der hörbaren Laute ist bei Fledermäusen wesentlich schwieriger als bei Vögeln, die Angaben haben daher nur orientierenden Charakter. Durch die Entwicklung transportabler, elektronischer Ultraschall-Detektoren (sog. Überlagerungsdetektoren, Zehntelfrequenzdetektoren) ist es möglich geworden, Laute, die fliegende Fledermäuse zur Orientierung, Beutefindung und zur sozialen Kommunikation aussenden, hörbar zu machen. Dadurch kann man die Fledermäuse im Dunkeln erkennen und ihr Verhalten im Fluge besser studieren.
Feldstudien zu verschiedenen ökologischen Fragen (z. B. Wahl von Jagdhabitaten) und zur Analyse des akustischen Repertoires im Zusammenhang mit dem Jagdverhalten erfordern jedoch eine geduldige Einarbeitung.
Da der Preis der im Handel angebotenen Detektor-Modelle recht hoch liegt, sollte man sich vor dem Kauf mit einem erfahrenen Fachmann beraten, welche Vor- und Nachteile die einzelnen Geräte haben. Es ist keinesfalls so, daß man durch Knopfdruck sofort ablesen kann, welche Art soeben vorbeigeflogen ist.
Bisher vorliegende Untersuchungen haben gezeigt, daß viele Arten nach einiger Übung an Hand solcher Kriterien wie Lautform, Lautstärke, Lautdauer, Frequenzbereich und Wiederholungsrate der Laute zu unterscheiden sind:

Die Hufeisennasen-Arten unterscheiden sich von den Glattnasen-Arten dadurch, daß sie reine Töne relativ langer Dauer (bis 60 ms) aussenden, sog. frequenzkonstante Laute (cf-Laute). Die Glattnasen dagegen erzeugen überwiegend frequenzmodulierte Laute von kurzer Dauer (fm-Laute zwischen etwa 100 kHz und 12 kHz; 2–20 ms Dauer), die bei manchen Arten in bestimmten Situationen auch cf-Anteile haben können. Innerhalb der Glattnasen ist es besonders schwierig, die Arten der Gattung *Myotis* auseinanderzuhalten. Eine Unterscheidung von *Myotis mystacinus* und *Myotis brandti* ist offenbar gar nicht möglich. Es gibt viele Einflüsse, denen die genannten Kriterien unterliegen, so daß zu empfehlen ist, die akustischen Beobachtungen anfangs mit visuellen Beobachtungen zu kombinieren.

Von besonderer Bedeutung ist, daß man beim Jagdflug eine Such-, Annäherungs- und Fangphase unterscheiden muß: In der Phase des Suchens (gleichmäßiger ruhiger, meistens gerader Flug) sind die Schreie lang (2–20 ms) und ebenfalls die Pausen zwischen den Schreien (kleine Arten 85 ms, große Arten bis 300 ms). Wird ein Beutetier geortet, dann setzt die Annäherungsphase ein. Die Schreie und die Pausen zwischen diesen werden kürzer.

In der Fangphase schließlich werden ganz kurze Laute ausgesandt (z. T. nur 500 ms Dauer), und die Pausen dazwischen können bis auf 5 ms verkürzt werden.

Allgemein ist es üblich, das Lautbild in der Suchphase darzustellen, wobei dies in Form von Oszillogramm [Wellenform (Amplitude) und Zeitdauer], Sonagramm (Frequenzbereich und Dauer des Schreies), Frequenzspektrum [Angabe der max. Lautstärke in Abhängigkeit von Frequenz (zweidimensional) sowie der Zeit (dreidimensional)] und Impulswiederholungsraten (Zahl der Laute pro Zeiteinheit) erfolgen kann. Als weitere Kriterien, die auf das Lautbild Einfluß nehmen können, seien genannt:

- Wechsel des Biotops, in dem gejagt wird
- Änderung der Flughöhe (*Nyctalus noctula* zeigt bei der Jagd über den Baumwipfeln ein anderes Lautbild als bei der Jagd wenige Meter über dem Boden)
- Jagd in Gruppen oder einzeln.

Diese unterschiedlichen Faktoren können bewirken, daß oft zwei und mehr Lauttypen regelmäßig angewandt werden, was manchmal zu Verwechslungen führen kann.

Über welche Distanz die Schreie wahrgenommen werden können, hängt einerseits von der Art und ihren Lauttypen ab, andererseits aber auch von der Empfindlichkeit des Detektors und der Position des Mikrophons zum heranfliegenden Tier.

▲ Schutz: Alle Fledermäuse sind durch die Zerstörung der Lebensräume, insbesondere der Sommer- und Winterquartiere, die Vernichtung ihrer Nahrungsgrundlage durch Pestizideinsatz oder die Vergiftung der Tiere selbst durch die für Warmblüter giftigen Holzschutzmittel bedroht. Wie in der BRD, DDR und in Österreich sind die Fledermäuse in fast allen Ländern Europas gesetzlich geschützt. Obwohl Einschätzungen des Gefährdungsgrades wegen der

z. T. lückenhaften Kenntnisse schwierig sind, wird dieser für die BRD und Österreich nach den Roten Listen, für die DDR in Anlehnung an die Artenschutzbestimmung aufgeführt.
In der BRD hat jedes Bundesland seine eigene Naturschutzgesetzgebung, die sich aber an der Rahmengesetzgebung des Bundes orientiert. In den meisten Bundesländern ist die Gesetzgebung sehr weitgehend und sehr streng. Der Schutz der Tiere und ihrer Quartiere hat Vorrang vor der Forschung:

- Beringung und Fang sind daher genehmigungspflichtig
- Winter- bzw. Sommerquartiere dürfen z. T. nur zum Zwecke der Zählung bzw. der Durchführung von Schutzmaßnahmen aufgesucht werden.
- Die Tiere dürfen nicht von den Schlafplätzen abgenommen und nicht fotografiert werden.
- Tot aufgefundene Fledermäuse sind wissenschaftlichen Einrichtungen (Museen) zu übergeben.

▲ Weitere Abbildungen: Hinweis auf weitere Abbildungen im allgemeinen Teil oder im Bestimmungsschlüssel.

Familie Hufeisennasen (*Rhinolophidae*) Gattung: *Rhinolophus* (Lacépéde, 1799)

Etwa 70 Arten, davon 5 in Europa. Nase von blattartigen Hautbildungen umgeben, an denen folgende Anteile zu unterscheiden sind:

Hufeisen Hufeisenförmiger, nach oben offener Hautsaum, der die Nasenlöcher umgibt. Unterrand des Hufeisens in der Mitte deutlich eingekerbt. Obere Enden des Hufeisens erreichen fast Augenhöhe.

Sattel (Sella) Erhebt sich wie ein auf dem Rücken liegendes Beil über den Nasenlöchern, wird vom Hufeisen umgeben. Form und Länge des oberen und unteren Sattelfortsatzes wichtig für Artbestimmung.

Querfalte Verläuft zwischen Sattel und Lanzette.

Lanzette Dreieckig, oben spitz zulaufend; zwischen der Basis der Lanzette und den oberen Enden des Hufeisens beidseits drei übereinanderliegende Vertiefungen.

Ohren an der Basis breit, oben spitz zulaufend, können unabhängig voneinander bewegt werden. Kein Tragus, Antitragus gut entwickelt. Augen klein. Flügel breit und gerundet. Flug langsam, teils schmetterlingshaft gaukelnd, teils mit kurzen Gleitstrecken, sehr hohes Manövriervermögen. Schwanz kurz, ganz in Flughaut einbezogen, in Ruhe auf den Rücken geschlagen. Sporn erreicht etwa ein Drittel der Länge des Schwanzflughautrandes, kein Epiblema.

Bau der Nasenaufsätze bei Hufeisennasen *(hier Rhinolophus euryale) (Bezeichnung nach Kusyakin und nach Deblase)*
1 *Hufeisen,* ***2*** *Sattel (Sella),* ***2a*** *oberer Sattelfortsatz,* ***2b*** *unterer Sattelfortsatz,* ***3*** *Lanzette,* ***4*** *Querfalte unter der Lanzette,* ***5*** *Nasenloch*

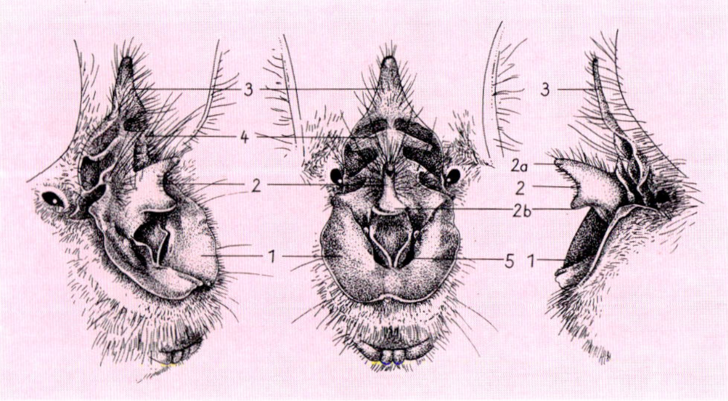

Die Weibchen haben zwei brustständige Milchzitzen, nach Eintritt der Geschlechtsreife seitlich oberhalb im Abstand von 2 mm zur Genitalöffnung zusätzlich zwei sog. Haft- oder Scheinzitzen (siehe Bild Seite 207). Die Jungen halten sich in den ersten Lebenstagen daran fest. Ein Junges; Milchgebiß nur embryonal angelegt, bei Geburt nicht vorhanden.

Hufeisennasen hängen im Quartier immer frei, hüllen sich dabei ganz oder teilweise in die Flughäute ein, das Junge wird in den ersten Lebenstagen mit umhüllt.

Tageslethargie nur leicht, fliegen rasch ab, hängen oft an einem Bein, drehen sich um die Längsachse und orten. Abflug in der Regel mit nach unten gerichtetem Sturzflug, können aber auch vom Boden starten. Landung nach Drehung der Körperachse um 180° mit dem Kopf nach unten.

Beutetiere werden häufig mit Armflughaut ergriffen, können kurze Zeit in Backentaschen aufbewahrt werden, größere Beutetiere werden an festen Fraßplätzen gefressen. In Gefangenschaft erscheinen Hufeisennasen lernfähiger als europäische Glattnasen.

Ortungslaute: Langer frequenzkonstanter Teil, dem am Ende ein kurzer, in der Frequenz abfallender Lautteil folgt (cf/fm-Laut).

Zum Teil Artunterscheidung an der Frequenz möglich, da in einem engen, artspezifischen Frequenzband gesendet wird. Geringe, von der geographischen Verbreitung abhängige Unterschiede in der Sendefrequenz derselben Art. Lautaussendung durch die Nase.

Zahnformel $\frac{1\,1\,2\,3}{2\,1\,3\,3} = 32$

Kleine Hufeisennase *Rhinolophus hipposideros* (Bechstein, 1800)

E Lesser horseshoe bat

F Petit rhinolophe fer à cheval

Kopf – Rumpf 37 – 45 (47) mm
Schwanz 23 – 33 mm
Unterarm (34) 37 – 42,5 mm
Ohr (13) 15 – 19 mm
Spannweite 192 – 254 mm
Condylobasallänge 13,4 – 14,5 mm
Gewicht (4) 5,6 – 9 (10) g

▲ Kennzeichen: Kleinste europäische Hufeisennase. Zierlich gebaut; oberer Sattelfortsatz kurz und abgerundet, unterer deutlich länger, im Profil spitz. Haarbasis hellgrau, Oberseite bräunlich rauchfarben ohne rötlichen Farbton; Unterseite grau bis grauweiß, Fell weich, locker. Jungtiere dunkelgrau. Ohren und Flughäute hell-graubraun.
Hüllt sich im Winterschlaf und in Ruhe völlig in Flughaut ein. Scheinzitzen bei den Weibchen im 2. Jahr voll ausgebildet.

▲ Färbungsanomalien: Flavismus (Pigmentmangel mit Gelbfärbung).

▲ Ähnliche Arten: Durch geringe Körpergröße und abgerundeten oberen Sattelfortsatz unverwechselbar.

▲ Verbreitung: Am weitesten nach Norden verbreitete Hufeisennase, erreicht etwa 52. Breitengrad. W-Irland und SW-England, Frankreich, Belgien, S-Niederlande, Luxemburg, BRD (nördlichster Fundort untere Mosel), DDR (südlicher Mittel- und Unterharz, N-Thüringen, Dresdner Becken), S-Polen, ČSSR, UdSSR (Ukraine, Kaukasus).

▲ Biotop: Wärmebegünstigte Gebiete im Gebirgsvorland und Mittelgebirge, teilweise bewaldetes Gelände, Karstgebiete. Im Sommer Nachweise bis 1160 m, im Winter bis in 2000 m Höhe, höchste Wochenstube 950 m.
Im Norden Haus-, im Süden Höhlenfledermaus. Im Norden Sommerquartiere (Wochenstuben) auf warmen Dachböden, oft in Schornsteinnähe, in Kanälen und Schächten von Heizungskellern; im Süden in Höhlen und Stollen; Quartier muß immer freien Zuflug haben.
Winterquartiere in Höhlen, Stollen, Kellern, Temperatur 6–9°C, hohe Luftfeuchtigkeit, Hängen im Winterquartier immer frei mit Distanz zum Nachbarn, bis 300 Tiere im Quartier. Winterschlaf von September/Oktober bis Ende April. Die Männchen überwiegen oft im Winterquartier; sie treffen auch vor den Weibchen dort ein. Hanghöhe von dicht über dem Boden bis zu 20 m hoch.

▲ Wanderungen: Ortstreue Art, Wanderungen zwischen Sommer- und Winterquartier 5–10 km, weiteste Wanderung 153 km.

Die Kleine Hufeisennase gehört zu den kleinsten und empfindlichsten europäischen Fledermäusen.

▲ Fortpflanzung: Die Weibchen sind schon im 1. Jahr geschlechtsreif (in der ČSSR haben etwa 15% der Weibchen im 1. Jahr Junge).
Paarung im Herbst, z. T. auch im Winterquartier. Vor der Paarung können sich Tiere als Vorspiel jagen. Das Männchen hängt sich dann hinter und über dem Weibchen auf. Begattungsdauer sehr kurz.
Wochenstuben z. T. gemeinsam mit anderen Fledermäusen (Großes Mausohr, Wimperfledermaus), jedoch nicht direkt mit anderen Arten vermischt. Werden etwa ab April bezogen, etwa 10–100 Weibchen, auch Männchen in Wochenstuben (bis 20%).
Etwa die Hälfte bis $^2/_3$ der in der Wochenstube anwesenden Weibchen gebären ab Mitte Juni bis Anfang Juli 1 Junges. Dieses wiegt bei der Geburt ca. 1,8 g, Unterarmlänge etwa 15–19 mm; ist, bis auf den Unterkörper, mit feinem Haar bedeckt, im Bereich des Hufeisens Tasthaare. Augen öffnen sich um 10. Tag, mit 6–7 Wochen völlig selbständig. Auflösung der Wochenstuben im August.

▲ Höchstalter: 21 Jahre; Durchschnittsalter 3–4 Jahre.

▲ Jagd und Nahrung: Flug geschickt und relativ schnell, Flügelbewegungen fast schwirrend. Jagt in lichten Wäldern und Parks, in Strauchregion. Flughöhe niedrig, bis 5 m. Nimmt auch Beute von Steinen und Ästen auf.
Fängt kleine Nachtschmetterlinge, Mücken, Schnaken, Käfer, auch Spinnen.

▲ Laute: Zirpend oder zeternd. **Ortungslaute:** Lang anhaltender frequenzkonstanter Ton von 105–111 kHz, am Ende kurzer Frequenzabfall. Lautdauer ca. 20–30 ms. Frequenzüberschneidung mit Mittelmeer-Hufeisennase und Mehely-Hufeisennase.

▲ Weitere Abbildungen: Seite 24, 60, 65, 195, 205.

Schutz:

In BRD und DDR vom Aussterben bedroht, in Österreich gefährdet; insgesamt in Mitteleuropa starker Bestandsrückgang, im nördlichen Mitteleuropa bereits verschwunden. Die Ursachen liegen in der Störung bzw. Vernichtung von Quartieren und dem Insektizideinsatz; im Norden des Verbreitungsgebietes evtl. auch an der Klimaverschlechterung. Gezielter Schutz von Sommer- und Winterquartieren erforderlich! Freie Einflugöffnungen (ca. 15x25 cm) belassen!

Kleine Hufeisennase.

Große Hufeisennase
Rhinolophus ferrumequinum
(Schreber, 1774)

E Greater horseshoe bat

F Grand rhinolophe fer à cheval

Kopf – Rumpf (50) 57 – 71 mm
Schwanz (30) 35 – 43 mm
Unterarm (50) 54 – 61 mm
Ohr 20 – 26 mm
Spannweite 350 – 400 mm
Condylobasallänge (19) 20 – 22 mm
Gewicht 17 – 34 g

▲ Kennzeichen: Größte europäische Hufeisennase. Oberer Sattelfortsatz kurz, abgerundet, unterer im Profil spitz. Fell weich, locker, Haarbasis hellgrau, Oberseite graubraun oder rauchgrau, mehr oder weniger rötlich getönt. Unterseite grauweiß bis gelblichweiß. Jungtiere auf der Oberseite mehr aschgrau. Flughäute und Ohren hell graubraun.

Hüllt sich im Winterschlaf und meist auch in Tageslethargie ganz in die Flughäute ein, beugt wie kleine Hufeisennase III. bis V. Finger im Grundgelenk und Gelenk zwischen 1. und 2. Fingerglied nur gering. Bei den Weibchen Scheinzitzen erst im 3. Jahr voll entwickelt.

▲ Färbungsanomalien: Nicht bekannt.

Ähnliche Arten: Durch Größe und stumpfen oberen Sattelfortsatz unverwechselbar.

▲ Verbreitung: Mittel- und Süd-Europa; im Norden etwa bis 51° 45', SW-England (Devonshire), Frankreich, SO-Belgien, Niederlande (S-Limburg), Luxemburg, BRD (Raum Kreuznach, Kaiserstuhl-Freiburg, S-Frankenalp), DDR keine Vorkommen, S-Polen (nur ein Nachweis), SO-ČSSR, im Osten bis Kaukasus. Im Süden in allen Balkan- und Mittelmeerländern nachgewiesen.

▲ Biotop: Wärmere Gebiete mit lockerem Baum- und Buschbestand, stehenden oder fließenden Gewässern, Karstgebiete, auch in Ortschaften. Im Norden mehr Haus-, im Süden Höhlenfledermaus. Im Gebirge meist unter 800 m, selten bis 2000 m. Im Norden Sommerquartiere (Wochenstuben) auf warmen Dachböden, Kirchtürmen; im Süden vorwiegend Höhlen, Stollen.

Winterquartiere in Höhlen, Stollen, Temperatur 7–10°C, selten tiefer. Hängen frei an der Decke, bilden selten kleine Cluster (Thermoregulation).

Winterschlaf von September/Oktober bis April, kann 1–2mal pro Woche unterbrochen werden, bei mildem Wetter dann auch Nahrungsaufnahme im Eingangsbereich der Höhlen.

▲ Wanderungen: Ortstreu. Ent-

Große Hufeisennase.

fernung Sommer-/Winterquartier in der Regel 20–30 km, weiteste Wanderung 180 km.
▲ Fortpflanzung: Weibchen in der Regel erst mit 3 Jahren geschlechtsreif (England), auf dem europäischen Festland mit 2 Jahren (?); Männchen frühestens Ende des 2. Jahres geschlechtsreif.
Paarungszeit vom Herbst bis Frühjahr. Wochenstuben mit bis 200 Weibchen, auch Männchen in Wochenstuben. In den Wochenstuben hängen die Weibchen mit ihren Jungen sowohl einzeln als auch in Clustern zusammen. Zum Teil sind sie vergesellschaftet mit der Mittelmeerhufeisennase und mit der Wimperfledermaus.
Geburt etwa ab Mitte Juni-Juli. 1 Junges. Dieses öffnet mit etwa 7 Tagen die Augen, ist mit 3–4 Wochen flugfähig, mit 7–8 Wochen selbständig (Mitte August).
▲ Höchstalter: 30 Jahre; bisher höchstes Alter einer europäischen Fledermaus.
▲ Jagd und Nahrung: Fliegt bei Einbruch der Dunkelheit aus. Langsamer, schmetterlingsartiger Flug mit kurzen Gleitstrecken, meist tief (0,3–6 m); bei kaltem, windigem und regnerischem Wetter geringe Flugaktivität.
Jagt in Gelände mit lockerem

Große Hufeisennase.

Baumbestand, an Hängen, Felswänden, auch in Gärten. Kann Insekten von Ruhepunkten aus orten und dann fangen („Flycatcher Bat"), nimmt auch Nahrung vom Boden auf.
Erbeutet größere Insekten (Maikäfer, Mistkäfer, Heuschrecken, Nachtfalter), benutzt Fraßplätze.

Trinkt im Tief- oder Rüttelflug. Aktionsradius von Kolonien in England 8–16 km.
▲ Laute: Relativ tiefe, zirpende oder keckernde Laute.
Orientierungslaute: Lang anhaltende, frequenzkonstante Töne von 77–81 kHz, am Ende kurzer Frequenzabfall (siehe Sonagramm Seite 208). Lautdauer ca. 30–40 ms.
▲ Weitere Abbildungen: Seite 195, 207.

Schutz:

In der BRD vom Aussterben bedroht, in Österreich stark gefährdet.
Wie alle Hufeisennasen empfindlich gegen Störungen, daher gezielter Schutz von Wochenstuben und Winterquartieren (freie Einflugöffnungen etwa 20x30 cm), Erhaltung der Nahrungsgrundlage (kein Insektizideinsatz, Gefahr der Vernichtung der großen Käfer durch Veränderung der Bodenbearbeitung in Landwirtschaft). Insgesamt in Mitteleuropa starker Bestandsrückgang.

Mittelmeerhufeisennase *Rhinolophus euryale* Blasius, 1853

E Mediterranean horseshoe bat

F Rhinolophe euryale

Kopf – Rumpf 43 – 58 mm
Schwanz 22 – 30 mm
Unterarm 43 – 51 mm
Ohr 18 – 24 mm
Spannweite 300 – 320 mm
1. Glied IV. Finger 6,6 – 8,5 mm
2. Glied IV. Finger 17,9 – 19,1 mm
Condylobasallänge 16 – 17,6 mm
Gewicht 8 – 17,5 g

▲ Kennzeichen: Mittelgroß. Oberer Sattelfortsatz spitz, etwas nach unten gekrümmt, deutlich länger als unterer Sattelfortsatz, der von unten gesehen breit gerundet ist. Lanzette verschmälert sich nach oben gleichmäßig. Nackte Teile des Gesichts (Hufeisen, Lippen) hell bräunlich; Ohren und Flughäute hellgrau. Fell locker, Haarbasis hellgrau. Oberseite graubraun, leicht rötlich oder lila getönt. Unterseite grauweiß bis gelblichweiß; Grenze Oberseite/Unterseite unscharf; um Augen oft einige dunklere Haare. Jungtiere insgesamt mehr grau gefärbt. Flügel breit, 2. Glied des IV. Fingers mehr als doppelt so lang wie 1. Glied; III.–V. Finger werden in Ruhe im Gelenk zwischen 1. und 2. Glied um 180° gebeugt, dadurch in der Regel (auch im Winterschlaf) nicht völlig in Flughaut eingehüllt.

Hängen im aktiven Zustand häufig in Körperkontakt, umfassen sich gegenseitig mit Flughäuten und belecken Gesicht und Kopf.

▲ Färbungsanomalien: Albinismus.

▲ Ähnliche Arten: Bei Mehely- und Blasius-Hufeisennase Form der Nasenaufsätze, Länge des 1. und 2. Gliedes des IV. Fingers und Fellfärbung beachten; gegenüber Großer und Kleiner Hufeisennase Größenunterschiede und andere Form des Sattels.

▲ Verbreitung: Balkan und Mittelmeer-Gebiet, auch auf Sizilien, Sardinien und Korsika. Nördlichste Vorkommen in der ČSSR (Slowakei), N-Italien, S-Frankreich.

▲ Biotop: Warme, waldreiche Gebiete im Gebirgsvorland und Gebirge, bevorzugt höhlenreiche Karstgebiete mit Wasser in der Nähe.

Sommerquartiere (Wochenstuben) in Höhlen, im Norden selten auch auf warmen Dachböden (Höhlenfledermaus). In Wochenstuben 50–400 Weibchen, auch Männchen anwesend.

Quartiere oft gemeinsam mit anderen Hufeisennasen, Wim-

Mittelmeerhufeisennase, kurz vor dem Abflug ortend. Das Maul ist dabei geschlossen, da die Ortungslaute durch die Nasenlöcher ausgesandt werden.

per- und Langflügelfledermaus. Winterquartier in Höhlen und Stollen; Temperatur um 10°C. Hängt frei an der Decke, z.T. auch mit Körperkontakt zu anderen artgleichen Tieren.

▲ Wanderungen: In der Regel ortstreu; weiteste Wanderung 134 km.

▲ Fortpflanzung: Keine genauen Kenntnisse.
1 Junges, Geburtsgewicht um 4 g, flugfähig Anfang bis Mitte August. In Bulgarien Junge ab 2. Julidrittel flugfähig; zur gleichen Zeit sind aber auch noch trächtige Weibchen zu finden.

▲ Höchstalter: Nicht bekannt.

▲ Jagd und Nahrung: Fliegt in später Dämmerung aus.
Jagt niedrig an warmen Hängen, aber auch in relativ dichtem Baumbestand oder Gebüsch. Flug langsam, gaukelnd, sehr wendig, kann rütteln.
Erbeutet Nachtfalter und andere Insekten, frißt Beute z.T. an Fraßplätzen.

Schutz:

Im Norden des Verbreitungsgebietes, besonders Frankreich und ČSSR, Bestandsrückgang. Gezielter Schutz der Quartiere und Biotope erforderlich!

Mittelmeerhufeisennase.

▲ Laute: Tiefes Zirpen, Quietschen oder Zetern.
Ortungslaute: Frequenzkonstanter Laut von 101–108 kHz, am Ende kurzer Frequenzabfall. Lautdauer ca. 20–30 ms. Überschneidung in der Frequenz mit Kleiner Hufeisennase und Mehely-Hufeisennase (siehe Sonagramm Seite 208).
▲ Weitere Abbildungen: Seite 86, 195, 197, 205.

Blasius Hufeisennase *Rhinolophus blasii*

Peters, 1866

E Blasius' s horseshoe bat

F Rhinolophe de Blasius

Kopf–Rumpf (44) 46,5–54 (56) mm
Schwanz (20) 25–30 mm
Unterarm (43,5) 45–48 mm
Ohr 16,5–21 mm
Spannweite um 280 mm
1. Glied IV. Finger um 8,2 mm
2. Glied IV. Finger um 14–15 mm
Condylobasallänge 15,8–16,7 mm
Gewicht (10) 12–15 g

▲ Kennzeichen: Mittelgroß. Oberer Sattelfortsatz spitz, gerade, nicht nach unten gebogen, länger als unterer Sattelfortsatz, dieser von vorn gesehen schmal gerundet. Querfalte in Mitte leicht eingebuchtet, Lanzette verschmälert sich nach oben gleichmäßig; Hufeisen breit, fleischfarben, Ohren und Flughäute hellgrau. Fell locker, Haarbasis sehr hell, fast weiß. Oberseite graubaun, z.T. leicht lila getönt. Unterseite fast weiß oder leicht gelblich getönt. Grenze Oberseite/Unterseite relativ scharf; dunkle „Brille" um Augen fehlend oder nur angedeutet. Flügel breit. 2. Glied des IV. Fingers höchstens doppelt so lang wie 1. Glied.

▲ Färbungsanomalien: Nicht bekannt.

▲ Ähnliche Arten: Gegenüber Mittelmeer- und Mehely-Hufeisennase Länge des 1. und 2. Gliedes des IV. Fingers und Form der Nasenaufsätze beachten; gegenüber Großer und Kleiner Hufeisennase Größenunterschiede und andere Sattelform.

▲ Verbreitung: Nur lückenhaft bekannt, N-Italien, Griechenland, Jugoslawien, Albanien, Bulgarien (Schwarzmeerküste), Sizilien, Kaukasus.

▲ Biotop: Warme, mit Sträuchern und Bäumen locker bestandene Karstgebiete. Sommer- und Winterquartier in Höhlen (Höhlenfledermaus). Keine genauen Kenntnisse über Winterschlaf. Hängen frei, kein Körperkontakt untereinander.

Schutz:

Keine genauen Kenntnisse über Gefährdungsgrad. Schutz der Quartiere.

Blasius Hufeisennase.

▲ Wanderungen: Nicht bekannt, wahrscheinlich ortstreu.
▲ Fortpflanzung: Wochenstuben in Höhlen, bis 200 Weibchen.
1 Junges, sonst keine genauen Kenntnisse.

▲ Höchstalter: Nicht bekannt.
▲ Jagd und Nahrung: Wahrscheinlich ähnlich Mittelmeer-Hufeisennase.
▲ Laute: **Ortungslaute:** Frequenzkonstanter Ton mit 93–98 kHz, am Ende kurzer Frequenzabfall (siehe Sonagramm Seite 208). Lautdauer ca. 40–50 ms.
▲ Weitere Abbildungen: Seite 195.

Mehely Hufeisennase *Rhinolophus mehelyi* Matschie, 1901

E Mehely's horseshoe bat

F Rhinolophe de Mehely

Kopf-Rumpf (49) 55-64 mm
Schwanz (23) 24-29 (32) mm
Unterarm (47) 50-55 mm
Ohr 18-23 mm
Spannweite um 330-340 mm
1. Glied IV. Finger 7,7 mm
2. Glied IV. Finger 19 mm
Condylobasallänge (16,1) 16,6-17,5 (18) mm
Gewicht 10-18 g

▲ Kennzeichen: Mittelgroß. Oberer Sattelfortsatz im Profil relativ stumpf, nur wenig länger als unterer, dieser von vorn gesehen breit gerundet. Lanzette verschmälert sich nach oben plötzlich und läuft in dünne Spitze aus. Hufeisen und Lippen blaß, fleischfarben, Ohren und Flughäute graubraun. Fell relativ dicht, Haarbasis grauweiß. Oberseite graubraun. Unterseite fast weiß; Grenze Oberseite/Unterseite relativ scharf, um Augen auffallend dunkle Brille aus graubraunen Haaren. Flügel breit, 2. Glied des IV. Fingers mehr als doppelt so lang wie 1. Glied. III.-V. Finger werden in Ruhe im Gelenk zwischen 1. und 2. Glied um 180° gebeugt, hängt dadurch nicht voll eingehüllt.

▲ Färbungsanomalien: Nicht bekannt.

▲ Ähnliche Arten: Gegenüber Mittelmeer-Hufeisennase besondere Form der Lanzette und des oberen Sattelfortsatzes beachten; gegenüber Blasius-Hufeisennase Länge des 1. und 2. Gliedes des IV. Fingers sowie Nasenaufsätze beachten. Bei Großer und Kleiner Hufeisennase Form des Sattels und Größenunterschiede beachten.

▲ Verbreitung: Nur lückenhaft bekannt, S-Frankreich (Mittelmeerküste), S-Italien, Sizilien, Korsika, Sardinien, Griechenland, Jugoslawien, Bulgarien, Rumänien (Dobrudscha), Kaukasus.

▲ Biotop: Höhlenfledermaus. Soweit bekannt, Sommer- und Winterquartiere in Höhlen, Karstgebiete mit Wasser in Nähe, z. T. gemeinsam mit anderen Hufeisennasen, Kleinem Mausohr und Langflügelfledermäusen. Hängt frei an der Decke. Über Winterschlaf keine genauen Kenntnisse.

▲ Wanderungen: Nicht bekannt, wahrscheinlich ortstreu.

▲ Fortpflanzung: Keine genauen Kenntnisse. Wochenstuben bis zu 500 Tiere (Rumänien).
1 Junges. Jungtiere in Rumänien in 2. Julihälfte flugfähig.

▲ Höchstalter: Nicht bekannt.

▲ Jagd und Nahrung: Ausflug in Dämmerung.
Jagt niedrig über dem Boden an warmen Berghängen, auch zwi-

Mehely Hufeisennase. Beachte die dunkle „Brille“ im Augenbereich.

schen Sträuchern und Bäumen. Flug langsam, sehr geschickt und wendig, z.T. mit kurzen Gleitstrecken, kann mühelos vom Boden auffliegen (Nahrungsaufnahme auch vom Boden?).

Erbeutet Nachtfalter und andere Insekten.

▲ Laute: Relativ tiefes, lautes, kurzes Zirpen oder Piepsen.

Ortungslaute: Frequenzkonstanter Ton mit 105–112 kHz, am Ende kurzer Frequenzabfall. Lautdauer ca. 20–30 ms. Überschneidung in der Frequenz mit Kleiner Hufeisennase und Mittelmeer-Hufeisennase.

▲ Weitere Abbildungen: Seite 102, 195, 197.

Schutz:

Gefährdungsgrad nicht bekannt. Schutz der Quartiere und Biotope.

Mehely Hufeisennase im Fluge. Durch den kurzen Schwanz bildet die Schwanzflughaut der Hufeisennasen im Flug immer einen konkaven Bogen, bei den Glattnasen dagegen ist er spitz oder konvex (vgl. Bild Seite 19).

Familie Glattnasen (*Vespertilionidae*)

40 Gattungen mit etwa 320 Arten, davon 24 in Europa. Schnauze glatt, ohne Nasenaufsätze; Ohr mit Ohrdeckel (Tragus); Augen meist klein; Schwanz völlig oder bis auf die letzten 1–2 Wirbel in Schwanzflughaut einbezogen, wird in Ruhe zum Bauch hin umgeschlagen. Flügel von lang und schmal bis breit und kurz; in Ruhe zusammengefaltet seitlich an den Körper angelegt, dabei III. bis V. Finger im Grundgelenk um 180° nach innen gebeugt (Ausnahme: Langflügelfledermaus). Am Fuß Sporn, z. T. mit Epiblema.
Fellfarbe unauffällig (schwarz/braun/grau), Bauch heller als Rücken.
2 Milchzitzen (Ausnahme: Zweifarbfledermaus), keine Scheinzitzen. Bei Geburt Milchgebiß vorhanden; im bleibenden Gebiß variiert die Zahl der Prämolaren von Gattung zu Gattung.

Zahnformel $\frac{2\ 1\ 1\text{-}3\ 3}{3\ 1\ 2\text{-}3\ \ 3} = 32\text{-}38$

Flug bei einigen Arten schnell und ausdauernd, z. T. weite Wanderungen zwischen Sommer- und Winterquartier.
Beutefang meist in der Luft, einige Arten auch am Boden oder Absammeln von Laub, Ästen oder anderen Unterlagen. Kälteharte Arten erreichen den Polarkreis. Echo-Orientierung mit frequenzmodulierten (fm) Lauten; viele Arten können auf Grund der spezifischen Frequenz ihrer Ortungslaute unterschieden werden. Lautaussendung durch das offene Maul (Ausnahme: Langohrfledermäuse auch durch die Nase).

Gattung: *Myotis* Kaup, 1829

Etwa 90 Arten, davon 10 in Europa. Ohren länger als breit, Tragus meist lang und lanzettförmig, Sporn ohne Epiblema, höchstens schmaler Hautsaum angedeutet. Sehr große bis kleine Arten. 1 Paar Zitzen.
Bestimmung nach äußeren Merkmalen schwierig. Neben Körpergröße liefern Länge und Form von Ohr, Tragus und Sporn Hinweise für die Artbestimmung.

Zahnformel $\frac{2\ 1\ 3\ 3}{3\ 1\ 3\ 3} = 38$

Wasserfledermaus *Myotis daubentoni* (Kuhl, 1819)

E Daubenton's bat

F Vespertilion de Daubenton

Kopf – Rumpf (40) 45 – 55 (60) mm
Schwanz (27) 31 – 44,5 (48) mm
Unterarm (33) 35 – 41,7 (42) mm
Ohr 10,5 – 14,2 mm
Spannweite 240 – 275 mm
Condylobasallänge 13,2 – 14,6 mm
Gewicht (5) 7 – 15 g

▲ Kennzeichen: Mittelgroße bis kleine Art. Äußerer Ohrrand in unterer Hälfte mit schwacher Einbuchtung, Ohr relativ kurz, 4–5 Querfalten. Tragus gerade, verjüngt sich nach oben, erreicht nicht die halbe Ohrlänge, Ohr wird bei Beunruhigung fast rechtwinklig zur Seite gelegt.
Fell locker, Haarbasis dunkel graubraun. Oberseite braungrau bis dunkel bronzefarben, Haarspitzen oft glänzend. Unterseite silbergrau, z.T. bräunlich überhaucht; Grenze Oberseite/Unterseite meist scharf. Schnauze rötlichbraun, Ohren und Flughäute dunkel graubraun. Jungtiere mehr grau, dunkler. Füße groß, lange Borsten. Sporn erreicht etwa $\frac{1}{3}$ der Schwanzflughautlänge, bei $\frac{3}{4}$ der Länge aber deutlicher Absatz im Schwanzflughautrand, wirkt wie Spornende. Armflughaut setzt an Zehenwurzel an.

▲ Färbungsanomalien: Mehrfach Albinismus beobachtet.

▲ Ähnliche Arten: Teichfledermaus: Größer. Mit einer Reihe anderer *Myotis*-Arten Größenüberschneidungen möglich.
Langfußfledermaus: Schwanzflughaut oben behaart, Fell mehr grau, Armflughaut setzt oberhalb der Ferse an.
Fransenfledermaus: Sporn S-förmig gebogen, Wimpern am Schwanzflughautrand, Ohren und Tragus heller und länger.
Wimperfledermaus: Fell meist auffallend rotbraun, Ohraußenrand mit deutlicher Einbuchtung.
Bechsteinfledermaus: Deutlich längere Ohren.
Große Bartfledermaus: Tragus lang, überragt Einbuchtung am Ohrhinterrand, Sporn erreicht höchstens $\frac{1}{2}$ Schwanzflughautlänge, bei $\frac{3}{4}$ der Länge kein Absatz am Schwanzflughautrand.
Die kleine Wasserfledermaus (*Myotis nathalinae*) wurde 1977 durch TUPINIER aus Spanien und Frankreich beschrieben, weitere Nachweise Schweiz und Polen.
Sehr ähnlich der Wasserfledermaus. Oberseite mehr grau.
Hat im Gegensatz zur Wasserfledermaus keinen Protoconus an der Innenseite des 4. Vorbakkenzahnes. Baculum (Penisknochen) anders geformt als bei

Wasserfledermaus.

Wasserfledermaus. Untersuchungen an Wasserfledermäusen aus Polen, der DDR und der ČSSR ergaben z.T. ähnliche Vorbackenzahn-Formen, wie sie für *M. nathalinae* beschrieben wurden, jedoch nicht in der Kombination mit niedrigeren Körpermaßen und einer anderen Baculumform.

Nach neueren Untersuchungen handelt es sich bei *M. nathalinae* jedoch nicht um eine eigenständige Art, sondern nur um einen Morphotyp in der Variationsbreite der Wasserfledermaus.

▲ Verbreitung: Fast ganz Europa, im Norden etwa bis 63. Breitengrad, fehlt nur in N-Skandinavien und N-Schottland. Im Süden in den Balkanländern (Rumänien, Bulgarien, Jugoslawien) Einzelfunde; offenbar kaum Überschneidung mit Verbreitungsgebiet der Langfußfledermaus.

▲ Biotop: Vorwiegend im Flachland, Wälder, Parks, in der Regel in Gewässernähe, Waldfledermaus. Im Sommer in 750 m Höhe, im Winter bis 1400 m nachgewiesen.

Sommerquartiere (Wochenstuben) in Baumhöhlen, z.T. Bodenabstand der kreis- oder schlitzförmigen Einflugöffnungen unter 1 m; auch auf Dachböden. Einzeltiere und kleine Männchengesellschaften oft in Spalten unter Brücken, in Mauerrissen, selten in Fledermauskästen.

Winterquartiere in Höhlen, Stollen, Bunkern, Kellern, alten Brunnen. Temperatur 3–6°C (8°C), vorübergehend bis –2°C; hohe Luftfeuchtigkeit. Meist in Spalten eingezwängt, aber auch in großen Clustern frei an der

Das geöffnete Maul (orten) und der bereits gehobene linke Flügel zeigen, daß diese Wasserfledermaus im Begriff ist, abzufliegen.

Wand, z.T. bis 100 Tiere dachziegelartig an- und übereinander. Wurde auch bis 60 cm tief im Bodengeröll gefunden. In großen Winterquartieren mehrere 1000 Tiere.
Winterschlaf von Ende September/Mitte Oktober bis Ende März/April. Die Weibchen erscheinen vor den Männchen im Winterquartier; invasionsartige Einflüge in spätere Winterquartiere wurden im August beobachtet.

▲ Wanderungen: Wanderfähig, meist unter 100 km, sucht sternförmig aus allen Richtungen kommend Winterquartiere auf. Weiteste Wanderung 240 km.

▲ Fortpflanzung: Weibchen wahrscheinlich z.T. im 1. Jahr geschlechtsreif.
Paarungszeit von September bis Frühjahr, häufig Paarungen im Winterquartier. Wochenstuben werden etwa ab Mai bezogen, 20–50 Weibchen, selten bis 200. Männchen in dieser Zeit in Gruppen bis zu 20 Tieren zusammen, einzelne Männchen auch in Wochenstuben.

Schutz:

In der BRD und Österreich gefährdet, in der DDR nur lokal gefährdet. Nach Beobachtungen in Winterquartieren in einigen Ländern Mitteleuropas mehr oder weniger deutliche Bestandszunahme, Ursachen sind evtl. in der Jagdweise bzw. im Nahrungsspektrum (kein Insektizideinsatz über Wasseroberflächen) zu suchen. Wasserfledermäuse werden mitunter beim Angeln gefangen (Haken im Maul oder Flügel). Schutz durch Erhaltung von Quartieren (Baumhöhlen) und Biotopen!

Geburt der Jungen ab 2. Junihälfte. 1 Junges. Bei Geburt Oberseite, Ohr und Flughäute graubraun, Unterseite rosa; an Oberseite bereits sehr fein, kurz behaart, am Schwanz Tasthaare. *Geburtsgewicht* um 2,3 g, Unterarm 14,9 mm. *Mit 10 Tagen:* Gewicht 4,3 g, Unterarm 24,1 mm. *Mit 21 Tagen:* Gewicht 5,5 g, Unterarm 32,7 mm. Augen ab 8.–10. Tag geöffnet, Behaarung ab 21. Tag vollständig, Haarwachstum mit 31–55 Tagen abgeschlossen; bleibendes Gebiß um 31. Tag vollständig, Anfang der 4. Woche flugfähig, Wochenstuben lösen sich im August auf.

Verschiedene Morphotypen des 4. Vorbackenzahnes im Oberkiefer (P^4) bei einer Reihe von Wasserfledermäusen
Die Ausbildung des P^4 in der rechten Reihe (starker Protoconus an der Innenseite) entspricht der Form, wie sie von TUPINIER (1977) für Myotis nathalinae beschrieben wurde (nach HANAK, 1983/84).

▲ Höchstalter: 20 Jahre. Durchschnittsalter 4–4 ½ Jahre.

▲ Jagd und Nahrung: Fliegt noch in der Dämmerung aus. Flug schnell, wendig; schneller, teilweise schwirrender Flügelschlag.
Jagt oft nur 5–20 cm über der Wasseroberfläche, aber auch bis in 5 m Höhe um Bäume herum; hängt sich in Jagdpausen an Ästen oder Mauern auf.
Erbeutet kleine Fluginsekten (Mücken, Schnaken, Nachtfalter u. a.), frißt im Fluge.
Jagdgebiete meist nur 2–5 km vom Quartier entfernt.

▲ Laute: Im Flug zirpende Laute, bei Abwehr schrilles Zetern, bei Störung im Winterschlaf langgezogene schrille Rufe.
Ortungslaute (Suchflug): fm-Laute von 69 → 25 kHz (78 → 32 kHz). Dauer 3–4 (6) ms. Der Laut zeigt eine sinusartige Amplitudenmodulation (ca. 10 Maxima); höchste Intensität bei 45 kHz; Ruffolge alle (35 –) 75 ms; etwa 13 (–28) Laute/s. Reichweite 20–40 m (siehe Sonagramm Seite 209).

▲ Weitere Abbildungen: Seite 22, 43, 58, 60, 67, 199, 203.

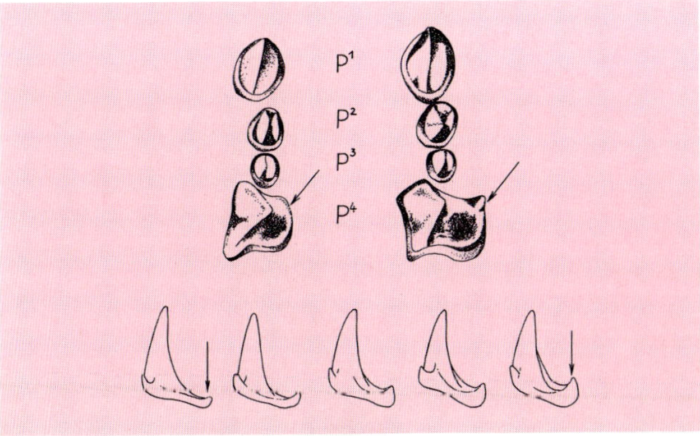

Langfußfledermaus *Myotis capaccinii* (Bonaparte, 1837)

E Long-fingered bat

F Vespertilion de Capaccini

Kopf – Rumpf (43) 47 – 53 mm
Schwanz 35 – 42 mm
Unterarm (37) 38 – 44 mm
Ohr 14 – 16 mm
Spannweite 230 – 260 mm
Condylobasallänge 13,9 – 14,8 mm
Fuß 11 – 13 mm
Gewicht 6 – 15 g

▲ Kennzeichen: Mittelgroß. Ohren von mittlerer Länge, schmal, Außenrand zur Spitze hin leicht eingebuchtet, 5 Querfalten, Tragus spitz, erreicht halbe Ohrlänge, Innenrand konvex, Außenrand konkav geschwungen und angedeutet gezähnelt. Haarbasis dunkelgrau. Oberseite hell rauchgrau, z.T. leicht gelblich getönt. Unterseite hellgrau; Grenze Oberseite/Unterseite unscharf. Schnauze rostbraun, Ohren und Flughäute graubraun. Füße auffallend groß mit langen Borsten, Schwanzflughaut oben und unten von den Beinen an bis etwa zur Mitte dicht dunkel, flaumartig behaart, Haare ragen im Spornbereich über den Schwanzflughautrand; Sporn gerade, erreicht etwa ⅓ der Schwanzflughautrand; bei ⅔ bis ¾ der Länge Absatz am Schwanzflughautrand, wirkt wie Spornende. Armflughaut breit, setzt 3 – 5 mm oberhalb der Ferse am Unterschenkel an. Nasenlöcher deutlich mehr vorspringend als bei anderen europäischen *Myotis*-Arten.

▲ Färbungsanomalien: Nicht bekannt.

▲ Ähnliche Arten: Wasser-, Fransen-, Teich-, Bechstein- und Wimperfledermaus; bei allen Oberseite der Schwanzflughaut nicht behaart. Weitere Merkmale siehe bei Wasserfledermaus und Seite 185 ff.

Schutz:

Da Lebensweise wenig bekannt, Gefährdungsgrad nicht beurteilbar. Schutz der Höhlen (Sommer- und Winterquartiere).

▲ Verbreitung: Europäischer Mittelmeerraum und Balkanländer; nur lückenhaft bekannt; Nordgrenze der Verbreitung in Spanien, S-Frankreich, Italien, Schweiz (Südtessin), Jugoslawien, Bulgarien, Griechenland. Offenbar nur geringe Überschneidungen mit Verbreitungsgebiet der Wasserfledermaus.

▲ Biotop: Karstgebiete, waldiges oder buschreiches Gelände in Wassernähe.
Sommer- und Winterquartiere in Höhlen (Höhlenfledermaus), im Winterquartier oft in Spalten.

▲ Wanderungen: Nicht bekannt; wahrscheinlich ortstreu bis wanderfähig.

▲ Fortpflanzung: Nur lückenhaft bekannt. Wochenstuben in Höhlen mit bis zu 500 Weibchen in Clustern an der Höhlendecke.
Geburt Mitte bis Ende Juni. 1 Junges. Flugfähige Jungtiere ab 2. Julidrittel.

▲ Höchstalter: Unbekannt.

▲ Jagd und Nahrung: Ausflug in später Dämmerung. Flug ähnelt dem der Wasserfledermaus. Jagt häufig über Wasser. Erbeutet Fluginsekten.

▲ Laute: Hörbare Laute schrilles Zetern, ähnlich Wasserfledermaus.

▲ Weitere Abbildungen: Seite 203.

Langfußfledermaus.

Teichfledermaus *Myotis dasycneme* (Boie, 1825)

E Pond bat **F** Vespertilion des marais

Kopf–Rumpf 57–67 (68) mm
Schwanz (39) 46–51 (53) mm
Unterarm (41) 43–49,2 mm
Ohr (14,9) 16–19 mm
Spannweite 200–300 mm
Condylobasallänge 15,7–17,4 mm
Gewicht (11) 14–20 (23) g

▲ Kennzeichen: Mittelgroß. Ohraußenrand ohne deutliche Einbuchtung, 5 Querfalten, Tragus deutlich kürzer als halbe Ohrlänge, für *Myotis*-Art sehr kurz, verschmälert sich nur gering nach oben, Spitze abgerundet, leicht nach innen gebogen. Fell dicht, Haarbasis schwarzbraun. Oberseite bräunlich oder fahl graubraun mit seidigem Glanz. Unterseite weißgrau bis gelblichgrau, relativ scharf von der Oberseite abgegrenzt. Jungtiere insgesamt dunkler gefärbt. Schnauze kurz, rotbraun, Ohren und Flughäute graubraun. Flügel lang und breit, Armflughaut setzt an Ferse an; Füße groß mit langen Borsten. Schwanzflughaut an der Unterseite entlang der Unterschenkel fein weiß behaart. Haare überragen am Sporn den Schwanzflughautrand. Sporn gerade; erreicht etwa $^{1}/_{3}$ der Schwanzflughautlänge, bei $^{3}/_{4}$ der Länge deutlicher Absatz im Schwanzflughautrand, wirkt wie Spornende.

▲ Färbungsanomalien: Nicht bekannt.

▲ Ähnliche Arten: Die sehr ähnlich gefärbte Wasserfledermaus ist kleiner, außerdem Schwanzflughaut und Tragus beachten. Langfußfledermaus: Hat behaarte Oberseite der Schwanzflughaut, weitere Details siehe Bestimmungsschlüssel.

▲ Verbreitung: In Mittel- und Osteuropa breites Band zwischen 48. und 60. Breitengrad, von NO-Frankreich über Belgien, Holland, Dänemark, S-Schweden, Polen bis zu den Baltischen Sowjetrepubliken. Im Süden über ČSSR, Ungarn bis Ukraine und Belorussische SSR. In der BRD und DDR meist nur vereinzelte Funde im Winterquartier, in der DDR auch einzelne Sommerfunde. Verbreitungszentren mit Wochenstuben befinden sich in den Niederlanden (Friesland und N-Holland), Dänemark (Jütland) und in der Litauischen SSR.

▲ Biotop: Im Sommer gewässerreiche Gebiete mit Wiesen und Wäldern im Tiefland, im Winter auch im Mittelgebirgsvorland; Nachweise bis in 1000 m Höhe. Winterquartiere in der Regel kaum über 300 m Höhe. Sommerquartiere (Wochenstuben) meist auf Dachböden oder Kirchtürmen, häufig im First in großen Gruppen im dunkleren Bereich. Einzeltiere auch in hohlen Bäumen.

Teichfledermaus.

Winterquartiere in Naturhöhlen, Kalkstollen, Kellern, Bunkern; Temperatur 0,5–7,5°C. Winterschlaf von Oktober bis Mitte März/April. Sowohl in Spalten eingezwängt als auch frei an Wänden oder Decken hängend. In großen Winterquartieren bis zu mehreren 100 Tieren, dann auch kleine Cluster möglich.

▲ Wanderungen: Wanderfähig, Wanderungen von den nördlicher gelegenen Sommerquartieren zu den südlicheren Winterquartieren; in der Regel über 100 km. Bisher weiteste Wanderung 330 km.

▲ Fortpflanzung: Geschlechtsreife der Weibchen wahrscheinlich im 2. Jahr.

Paarungszeit ab Ende August, auch Paarungen im Winterquartier. Wochenstuben werden im Mai bezogen, 40–400 Weibchen, selten Männchen, sie leben in dieser Zeit einzeln oder in kleinen Gruppen über ein großes Gebiet verteilt. Die Weibchen können die Wochenstuben von Jahr zu Jahr wechseln.

Geburten ab Mitte Juni, 1 Junges, etwa ab Mitte Juli selbständig; Auflösung der Wochenstuben im August.

▲ Höchstalter: 19½ Jahre.

▲ Jagd und Nahrung: Ausflug in später Dämmerung.
Zum Teil 2 Jagdzeiten, abends und gegen Morgen, jagen nicht nur über Wasser, sondern auch über Wiesen und an Waldrändern. Flug schnell, gewandt, über Wasser oft nur 5–10 cm hoch.
Erbeuten Mücken, Schnaken, Nachtfalter, nehmen auch auf der Wasseroberfläche befindliche Insekten auf.

▲ Laute: **Ortungslaute** (Suchflug): fm-Laute von 60 → 24 kHz, z.T. in cf-Anteil auslaufend. Dauer 5–8 ms; höchste Impulsintensität 36–40 kHz. Ruffolge alle 115 (90–130) ms (etwa 8–10 Laute/s); Reichweite: 5–20 m (siehe Sonagramm Seite 209).

▲ Weitere Abbildungen: Seite 199, 203.

Teichfledermaus. Beachte die großen Füße.

Schutz:

Im Westen des Verbreitungsgebietes Bestandsrückgang. In der BRD gefährdetes Wandertier, in der DDR seltene Art. Gezielter Schutz der Wochenstuben und Winterquartiere in den wenigen bekannten Verbreitungszentren erforderlich; Biotopschutz. Vorsicht mit Holzschutzmaßnahmen!

Große Bartfledermaus *Myotis brandti* (Eversmann, 1845)

E Brandt's bat F Vespertilion de Brandt

Kopf-Rumpf 39–51 mm
Schwanz 32–44 mm
Unterarm 33–39,2 mm
Ohr 13–15,5 (17) mm
Spannweite 190–240 mm
Condylobasallänge 13,1–14,4 mm
Gewicht 4,3–9,5 g

Vorkommen in Europa erst 1958 durch TOPAL entdeckt.

▲ Kennzeichen: Klein. Ohraußenrand mit deutlicher Einbuchtung, die von langem, spitzem Tragus überragt wird, 4–5 Querfalten.

Fell relativ lang, Haarbasis dunkel graubraun. Oberseite hellbraun, meist mit Goldglanz. Unterseite hellgrau, z.T. gelblich überhaucht. Schnauze, Ohren und Flughäute mittel- bis hellbraun, Basis von Tragus und innerem Ohrrand deutlich aufgehellt. Flügel relativ schmal, Armflughautansatz an Zehenbasis. Füße klein. Sporn kürzer als ½ Schwanzflughautlänge, am Außenrand meist schmaler Hautsaum. Penis bei erwachsenem Männchen am Ende deutlich verdickt. Nebenhöcker am P^3 höher oder gleichhoch wie P^2, P_2 nicht deutlich kleiner als P_1. Jungtiere ähneln stark der Kleinen Bartfledermaus; Oberseite dunkel schwarzgrau bis graubraun, Schnauze und Ohren schwarzbraun. Im Verhalten lebhaft, aber nicht so temperamentvoll wie Kleine Bartfledermaus.

▲ Färbungsanomalien: Nicht bekannt.

▲ Ähnliche Arten: Kleine Bartfledermaus: Männchen ohne Verdickung des Penisendes, Farbe von Ohren und Schnauze schwarzbraun, Basis von Tragus und innerem Ohrrand nicht aufgehellt.

Wasserfledermaus: Kürzerer Tragus, Länge und Form von Sporn und Schwanzflughaut beachten.

Wimperfledermaus: Oberseite meist rotbraun, nie mit Goldglanz, Ohrform und Traguslänge beachten.

▲ Verbreitung: Erst lückenhaft bekannt, da früher nicht von Kleiner Bartfledermaus unterschieden. N-England (außer Schottland), Frankreich, Belgien, Niederlande, BRD, DDR, in Skandinavien etwa bis 64. Breitengrad, Polen, Baltische Sowjetrepubliken. Erreicht im Süden Spanien, Italien und die Balkanländer; in Asien weit verbreitet.

▲ Biotop: Waldfledermaus, stärker als Kleine Bartfledermaus an Wald und Nähe von Gewässern gebunden, weniger im menschlichen Siedlungsraum, im Winter bis in 1730 m Höhe nachgewiesen, höchste Wochenstube 1270 m (Schweiz).

Große Bartfledermaus.

Sommerquartiere (Wochenstuben) in schmalen Spalten im Dachstuhl von Gebäuden, hinter Dachlatten, in Balkenlöchern, auch in schmalen Fledermauskästen.
Winterquartiere in Höhlen, Stollen, alten Bergwerken, Kellern; Temperatur (0°) 3°–4°C (7,5°C). Im Quartier oft gemeinsam mit Kleiner Bartfledermaus, meist frei an Wand oder Decke hängend, selten in Spalten, auch in gemeinsamen Clustern mit Wasserfledermäusen. Winterschlaf etwa von Oktober bis März/April.
▲ Wanderungen: Wanderfähige Art. Weiteste Wanderung 230 km.

▲ Fortpflanzung: Eintritt der Geschlechtsreife bei den Weibchen nicht genau bekannt, wahrscheinlich im 2. Jahr.
Paarungen im Herbst und im Winterquartier. Wochenstuben werden spätestens im Mai bezogen, etwa 20–60 Weibchen, gemischte Wochenstuben mit Rauhhautfledermäusen in schmalen Kästen möglich.
Geburten Mitte Juni bis Anfang Juli. 1 Junges. Neugeborenes auf der Oberseite dunkelgrau, Unterseite heller; Ohren schlaff; Oberseite kaum sichtbar mit feinem Haar bedeckt. *Mit 10 Tagen:* Gewicht 3 g, Unterarm 20,3 mm. *Mit 22 Tagen:* Gewicht 4,5 g, Unterarm 32,2 mm, Spannweite 200 mm. Augen ab 3. Tag geöffnet, Ohren richten sich zwischen 5. und 9. Tag auf. Mit

etwa 3–4 Wochen flugfähig. Penis beim jungen Männchen am Ende noch nicht verdickt.

▲ Höchstalter: 19 Jahre 8 Monate.

▲ Jagd und Nahrung: Ausflug in früher Dämmerung.

Jagt niedrig bis in mittlerer Höhe in nicht zu dichtem Waldbestand, häufig auch über Gewässern. Flug schnell und geschickt mit raschen Wendungen, auf kleinem Raum nicht so geschickt wie Kleine Bartfledermaus.

Nahrungsspektrum nicht genau bekannt, wahrscheinlich kleine Nachtfalter und andere Fluginsekten.

▲ Laute: Bei Beunruhigung hohes Zetern und Zirpen. Kleine Jungtiere geben ein anhaltendes feines, sehr hohes Zwitschern von sich (Kontaktlaute).

Ortungslaute (Suchflug): Gleiches Lautverhalten wie Kleine Bartfledermaus.

▲ Weitere Abbildungen: Seite 40, 72, 117, 119, 199, 202, 207.

Große Bartfledermaus mit fast erwachsenem Jungtier. Bei dieser Fledermausart ist der Färbungsunterschied zwischen Jung- und Alttieren besonders groß.

Schutz:

In der BRD stark gefährdet, in Österreich gefährdet, in der DDR seltenes Tier. In geeigneten Biotopen ist das Anbringen flacher Fledermauskästen zu empfehlen!

Kleine Bartfledermaus *Myotis mystacinus* (Kuhl, 1819)

E Whiskered bat

F Vespertilion à moustaches

Kopf – Rumpf 35 – 48 mm
Schwanz 30 – 43 mm
Unterarm (31) 32 – 36 (37,7) mm
Ohr 12 – 17 mm
Spannweite 190 – 225 mm
Condylobasallänge 12,3 – 13,3 (13,6) mm
Gewicht (3) 4 – 8 g

▲ Kennzeichen: Kleinste europäische *Myotis*-Art. Ohraußenrand mit deutlicher Einbuchtung, die vom langen, spitzen Tragus überragt wird, 4–5 Querfalten. Schnauze, Ohren und Flughäute schwarzbraun, Basis von Tragus und innerem Ohrrand im Gegensatz zur Großen Bartfledermaus nicht aufgehellt.
Fell lang, etwas kraus, Haarbasis dunkelgrau. Färbung der Oberseite variiert stark, dunkel nußbraun oder dunkel graubraun, seltener hellbraun; in der Regel immer dunkler als Große Bartfledermaus. Unterseite dunkel- bis hellgrau.
Jungtiere dunkler, Haarbasis schwarz, Oberseite dunkel graubraun. Flughäute relativ schmal, Ansatz der Armflughaut an Zehenwurzel. Füße klein. Sporn kürzer als $^{1}/_{2}$ Schwanzflughautlänge, am Sporn meist schmaler Hautsaum. Penis dünn, am Ende ohne Verdickung.
Nebenhöcker am P^3 niedriger als am P^2, P_2 deutlich kleiner als P_1.
Vom Temperament her lebhafteste *Myotis*-Art.

▲ Färbungsanomalien: Albinismus.

▲ Ähnliche Arten: Große Bartfledermaus: Siehe dort.
Zwergfledermaus: Andere Ohr- und Tragusform, Sporn mit Epiblema.

▲ Verbreitung: Ganz Europa außer Schottland und N-Skandinavien, erreicht im Norden etwa 65. Breitengrad. Verbreitungsschwerpunkt in Zentraleuropa. Im Süden Balkan und Mittelmeergebiet, keine Nachweise aus Spanien.

▲ Biotop: Nicht so deutlich an Wald und Gewässer gebunden wie Große Bartfledermaus, mehr in Parks, Gärten, Dörfern, eher Haus- als Waldfledermaus, in SO-Europa auch in Karstgebieten. Im Sommer bis 1923 m Höhe (Col de Bretolet, Alpen), im Winter bis 1800 m (Tatra).
Sommerquartiere (Wochenstuben) meist an Gebäuden in engen, von außen zugänglichen Spalten, zwischen Balken und Mauerwerk, hinter Fensterläden, selten in Nistkästen.
Winterquartiere in Höhlen, Stollen, Kellern; Temperatur 2–8°C. Meist frei hängend an

Kleine Bartfledermaus (links) und Große Bartfledermaus (rechts). Die Färbungsunterschiede zwischen erwachsenen Tieren beider Arten sind nicht immer so deutlich ausgeprägt.

Wand oder Decke, aber auch in Spalten eingezwängt. Winterquartiere mit über 100 Tieren sind sehr selten. Männchen überwiegen oft im Quartier.
Winterschlaf von Oktober bis März.

▲ Wanderungen: Wohl überwiegend ortstreu, evtl. aber auch als wanderfähige Art einzuordnen. Weiteste Wanderung 240 km.

▲ Fortpflanzung: Die Weibchen können schon im 1. Jahr an der Paarung teilnehmen.
Paarungen vom Herbst über die Zeit im Winterquartier bis zum Frühjahr.
Wochenstuben sind etwa ab Mai bezogen, 20–70 Weibchen; die Männchen leben in dieser Zeit einzeln.
Geburten etwa ab Mitte Juni. 1 Junges, Auflösung der Wochenstuben Ende August.

▲ Höchstalter: 19 Jahre. Durchschnittsalter 3,5 Jahre.

▲ Jagd und Nahrung: Ausflug in früher Dämmerung.
Jagt in 1,5–6 m Höhe in Parks, Gärten, über Fließgewässern, aber auch über Wiesen oder im Wald. Hängt sich in Jagdpausen an Ästen auf. Flug schnell, wendig, kurvenreich. Im Frühjahr und Herbst mitunter bereits am Tage jagend.
Beutetiere: Mücken, Eintagsfliegen, kleine Libellen und Käfer, Nachtfalter.

▲ Laute: Bei Beunruhigung lang anhaltendes hohes Zetern oder Zwitschern.

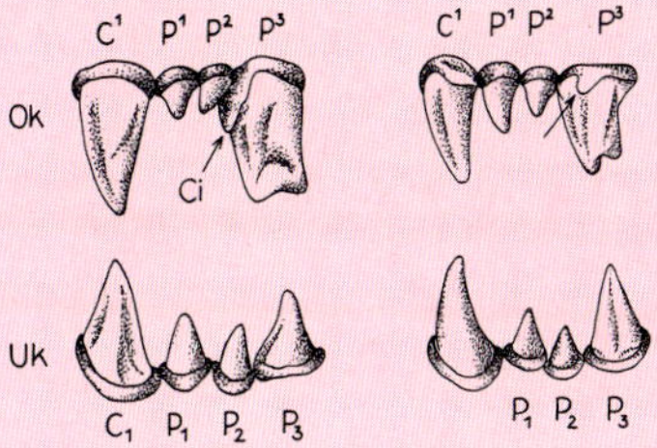

Große Bartfledermaus (links) und Kleine Bartfledermaus (rechts). Für die Artbestimmung wichtige Zähne im Oberkiefer (OK) und Unterkiefer (UK). Zahnreihen von innen gesehen.

***c** Eckzahn (Caninus), **P** Vorbackenzähne (Praemolaren). Beachte die Länge des Nebenhöckers **Ci** (Cingulumhöcker) am P^3 im Verhältnis zum P^2.*

Kleine Bartfledermaus.

Ortungslaute (Suchflug): fm-Laute von 75 → 32 kHz (siehe Sonagramm Seite 209). Dauer: 2,5–3 ms; höchste Impulsintensität 40–50 kHz. Ruffolge alle 90–100 ms (etwa 10–11 Laute/s). Reichweite 5–20 m.

▲ Weitere Abbildungen: Seite 47, 135, 199, 207.

▲ Anmerkung: In Bulgarien, Jugoslawien und Griechenland ist eine sehr ähnliche Art (oder Unterart), *Myotis* (*mystacinus*) *przewalskii* (Bobrinski, 1926) zu erwarten. Körpermaße etwas kleiner, am P^3 kein Nebenhökker wie bei *M. mystacinus* und *M. brandti,* P^2 deutlich kleiner als P^1, nach innen abgedrängt.

Schutz:

In der BRD stark gefährdet, in der DDR und Österreich gefährdet. Gezielter Schutz bekannter Wochenstuben und Winterquartiere, Biotopschutz.

Wimperfledermaus *Myotis emarginatus* (Geoffroy, 1806)

E Geoffroy's bat

F Vespertilion à oreilles échancrées

Kopf-Rumpf 41-53 mm
Schwanz 38-46 (48) mm
Unterarm 36-41 (42) mm
Ohr 14-17 mm
Spannweite 220-245 mm
Condylobasallänge 14-15,7 mm
Gewicht (6) 7-15 g

▲ Kennzeichen: Mittelgroß. Ohr von mittlerer Länge, Außenrand im oberen Drittel mit fast rechtwinkliger deutlicher Einbuchtung, 6–7 Querfalten, Tragus lanzettförmig, am Außenrand mehr oder weniger deutlich fein gekerbt, erreicht nicht ganz die Höhe der Einbuchtung am Ohraußenrand.
Fell lang, locker, wollig wirkend, Haare an der Oberseite dreifarbig, Basis grau, Mitte strohgelb, Spitzen auffallend rostbraun bis fuchsrot, Unterseite gelblichgrau.
Jungtiere sind wesentlich dunkler rauchgrau bis braungrau gefärbt, ohne rötliche Töne. Schnauze rotbraun, Ohren und Flughäute dunkler graubraun. Flügel relativ breit, Armflughautansatz an Zehenwurzel, Füße klein. Sporn gerade, erreicht etwa $^1/_2$ der Schwanzflughautlänge, freier Rand der Schwanzflughaut mit spärlichen, kurzen, geraden, weichen Härchen („Wimpern“).

▲ Färbungsanomalien: Nicht bekannt.

▲ Ähnliche Arten: Fransenfledermaus: Mehr grau gefärbt, Sporn S-förmig, freier Rand der Schwanzflughaut dicht mit starren, gekrümmten Borsten besetzt.
Große Bartfledermaus: Tragus überragt Einbuchtung am Ohrhinterrand, Haare an der Oberseite nicht dreifarbig.
Wasser- und Bechsteinfledermaus: Siehe Bestimmungsschlüssel.

▲ Verbreitung: Mittel- und Südeuropa, NO-Spanien, Frankreich, Belgien, S-Niederlande, selten Süden der BRD (Bayern, fehlt im Norden der BRD und in der DDR), in der ČSSR, S-Polen, Ukraine, in Italien und auf dem Balkan stellenweise häufiger.

▲ Biotop: Wärmeliebende Art, im Norden überwiegend Haus-, im Süden Höhlenfledermaus; in Ebene und unteren Gebirgslagen, sowohl in Ortschaften mit Parks, Gärten und Wasser als auch in Karstgebieten; im Gebirge bis 1000 m Höhe.
Sommerquartiere (Wochenstuben) auf warmen Dachböden (36°–40°C),
Hangplätze frei an Dachsparren oder im First, in S-Europa meist in Höhlen und Stollen.
Winterquartiere in Höhlen, Stollen und Kellern; Tempera-

Wimperfledermaus.

tur 6°–9°C, selten tiefer. Meist einzeln frei an der Decke oder Wand, selten in kleinen Clustern oder in Spalten.
Winterschlaf von Oktober bis März/April.
▲ Wanderungen: Überwiegend ortstreu, Wanderungen meist unter 40 km. Weiteste Wanderung 106 km.
▲ Fortpflanzung: Die Weibchen können schon im 1. Jahr begattet werden, Geburt im 1. Jahr aber noch nicht nachgewiesen.
Paarungszeit ab Herbst; ob Paarungen im Winterquartier erfolgen, ist nicht bekannt.
Wochenstuben werden etwa im Mai gebildet, oft im gleichen Quartier wie Hufeisennasen, Wochenstubengröße schwankt von 20–200 Weibchen (ČSSR) bis 500–1000 Weibchen (Frankreich, Balkan).
Geburten Mitte/Ende Juni bis Anfang Juli. 1 Junges, mit etwa 4 Wochen flugfähig, Auflösung der Wochenstuben im September.
▲ Höchstalter: 16 Jahre. Durchschnittsalter 2,8–3,5 Jahre.
▲ Jagd und Nahrung: Ausflug in früher Dämmerung.
Jagt in 1–5 m Höhe. Flug wendig, jagt auch über Wasser. Erbeutet hauptsächlich Spinnen, aber auch Zweiflügler, z. B. Mücken, sowie Schmetterlinge und Raupen. Die Beute wird offenbar auch von Ästen oder vom Boden abgelesen.
▲ Laute: In Wochenstuben lautes, schrilles Zetern.
▲ Weitere Abbildungen: Seite 47, 122, 199, 203.

Wimperfledermaus.

Schutz:

In der BRD vom Aussterben bedroht, in Österreich gefährdet, z.T. starke Abnahme der Populationen. Gezielter Quartierschutz erforderlich, Vorsicht mit Holzschutzmaßnahmen!

Fransenfledermaus *Myotis nattereri* (Kuhl, 1818)

E Natterer's bat F Vespertilion de Natterer

Kopf – Rumpf (40) 42 – 50 (55) mm
Schwanz 38 – 47 (49) mm
Unterarm 36,5 – 43,3 (46) mm
Ohr 14 – 18,3 (20) mm
Spannweite 245 – 280 mm
Condylobasallänge 14 – 15,6 mm
Gewicht 5 – 12 g

▲ Kennzeichen: Mittelgroß. Ohr relativ lang, Außenrand mit 5 Querfalten und deutlicher Einbuchtung, die von langem lanzettförmigem Tragus überragt wird, Tragus länger als halbe Ohrlänge. Schnauze relativ lang, Oberlippe mit angedeutetem Bart aus längeren Haaren. Fell lang, locker, Haarbasis dunkelgrau. Oberseite heller grau, nur geringe bräunliche Tönung. Unterseite hell weißgrau, deutlich gegen Oberseite abgesetzt; Schnauze hell fleischfarben, Ohren und Flughäute hell graubraun, Tragus hell gelblichgrau, zur Spitze hin dunkler. Flughaut breit, setzt an Zehenwurzel an. Sporn erreicht etwa ½ der Schwanzflughautlänge, S-förmig gebogen, freier Schwanzflughautrand runzlig, dicht mit zwei Reihen starrer, nach unten gekrümmter Borsten („Fransen") besetzt. Füße klein.

▲ Färbungsanomalien: Nicht bekannt.

▲ Ähnliche Arten: Langfuß-, Wasser-, Teich-, Wimper- und Bechsteinfledermaus, siehe Artbeschreibungen und Bestimmungsschlüssel. Keine der Arten hat einen S-förmig gebogenen Sporn.

▲ Verbreitung: Fast ganz Europa, in N-Irland, England, Dänemark, S-Schweden, Estnische SSR, im Mittelmeerraum, keine Nachweise auf dem Balkan.

▲ Biotop: Vorwiegend Waldfledermaus, Wälder und Parks mit Gewässern und Feuchtgebieten, auch in Ortschaften, Nachweise im Sommer bis 1923 m Höhe (Col de Bretolet, Alpen), im Winter bis 800 m.

Sommerquartiere (Wochenstuben) sowohl in Baumhöhlen und Fledermauskästen im Wald als auch in Spalten an oder in Gebäuden (Dachstuhl, seltener im First). Einzeltiere auch in Spalten unter Brücken, hinter Fensterläden.

Winterquartiere in Stollen, Höhlen, Kellern; Temperatur 2,5 – 8 °C, vorübergehend auch bei –0,5 °C. Hohe Luftfeuchtigkeit. Meist in enge Spalten eingezwängt, hier z. T. auch auf dem Rücken liegend; auch im Bodengeröll bzw. frei an der Decke oder an der Wand. Gelegentlich in kleinen Clustern, dann meist mit Wasserfledermaus gemischt.

Winterschlaf Oktober bis April, geht meist später als Wasserfledermaus ins Winterquartier.

▲ Wanderungen: Ortstreue Art. Weiteste Wanderung 90 km.

▲ Fortpflanzung: Genaue Angaben zum Eintritt der Geschlechtsreife fehlen.

Paarungen vom Herbst bis Frühjahr (?).

Wochenstuben werden im April/Mai bezogen, 20–80 Weibchen, auch einzelne Männchen möglich.

Geburten Mitte Juni bis Anfang Juli. 1 Junges. Wochenstubenquartiere können sehr häufig gewechselt werden (bis zu 1–2 mal/Woche).

▲ Höchstalter: 17 Jahre 5 Monate.

▲ Jagd und Nahrung: Ausflug

Fransenfledermaus.

Fransenfledermäuse im Winterschlaf. Gut sichtbar sind die relativ langen, die Schnauzenspitze überragenden Ohren.

in später Dämmerung. Flug niedrig (1–4 m), langsam z.T. schwirrender Flügelschlag, auf engem Raum sehr manövrierfähig, kann auch kurz rütteln. Jagt im Wald, auch über Wasser, Jagdzeit meist ganze Nacht. Erbeutet überwiegend tagaktive Fliegen und Zweiflügler, die offenbar in ihrer nächtlichen Ruhephase von Laub, Ästen und anderen Unterlagen abgelesen werden.

▲ Laute: Zirpend oder piepsend, tiefer als Wasserfledermaus, bei Beunruhigung auch tiefes Summen, im Flug hohe schrille Rufe.

Ortungslaute (Suchflug): fm-Laute von 78 → 35 kHz; Dauer: 2 ms (siehe Sonagramm Seite 209). Höchste Impulsintensität bei 50 kHz. Ruffolge alle 70–90 ms (11–14 Laute/s); Reichweite: 5–20 m. Die Rufe sind leiser als bei *M. mystacinus*.

▲ Weitere Abbildungen: Seite 19, 24, 199, 203, 205.

Schutz:

In der BRD stark gefährdet; in der DDR, soweit beurteilbar, Bestände relativ stabil. Gefährdung durch Quartierverluste (Fällen von Höhlenbäumen, Zerstörung von Winterquartieren.

Bechsteinfledermaus *Myotis bechsteini* (Kuhl, 1818)

E Bechstein's bat

F Vespertilion de Bechstein

Kopf–Rumpf 45–55 mm
Schwanz (34) 41–45 (47) mm
Unterarm 39–47 mm
Ohr (21) 23–26 mm
Spannweite 250–286 mm
Condylobasallänge 16–16,8 mm
Gewicht 7–12 g

▲ Kennzeichen: Mittelgroß. Ohren auffallend lang und ziemlich breit, nach vorn umgelegt überragen sie die Schnauze, äußerer Ohrrand mit 9 Querfalten; Tragus lang, lanzettförmig, erreicht etwa halbe Ohrlänge.
Fell relativ lang, Haarbasis dunkel graubraun. Oberseite fahlbraun bis rötlichbraun. Unterseite hellgrau. Jungtiere hellgrau bis aschgrau. Schnauze rotbraun, Ohren und Flughäute hell graubraun. Flügel breit und kurz, Armflughaut setzt an Zehenbasis an, Füße klein. Sporn gerade, erreicht etwa $^1/_3$ bis $^1/_2$ der Schwanzflughautlänge, letzter Schwanzwirbel frei.

▲ Färbungsanomalien: Teilalbinismus (beidseits weiße Flügelspitzen).

▲ Ähnliche Arten: Langohrfledermäuse: längere Ohren, die vorn an der Basis zusammengewachsen sind.
Alle etwa gleich großen *Myotis*-Arten haben wesentlich kürzere Ohren.

▲ Verbreitung: Gemäßigte Zonen Europas; offenbar nur lokal verbreitet und nirgends häufig. S-England, Frankreich, Belgien, Niederlande, BRD, DDR (erreicht nicht die Ostseeküste), S-Schweden (?), Mittel- und S-Polen, Mittelmeerraum und Balkangebiet, in Bulgarien an Schwarzmeerküste.

▲ Biotop: Waldfledermaus; vorwiegend feuchte Mischwälder, aber auch im Kiefernwald, Parks und Gärten im Tiefland und Mittelgebirge; im Sommer bis 800 m Höhe, im Winter 1160 m.
Sommerquartiere (Wochenstuben) in Baumhöhlen und Fledermauskästen (keine Flachkästen), seltener in Gebäuden, dort frei hängend. Einzeltiere auch in Felshöhlen.
Winterquartiere in Kellern, Stollen, Höhlen, evtl. auch vereinzelt in Baumhöhlen. Temperatur 3–7 °C, hohe Luftfeuchtigkeit. Hängt häufig frei an der Decke oder Wand, seltener in engen Spalten eingezwängt; meist Einzeltiere, keine Cluster. Ohren auch im Winterschlaf gerade ausgestreckt.
Winterschlaf von Oktober bis März/April.

▲ Wanderungen: Offenbar ortstreu. Weiteste Wanderung 35 km.

▲ Fortpflanzung: Eintritt der Geschlechtsreife unbekannt.

Bechsteinfledermaus.

Paarungszeit Herbst bis Frühjahr (?); Bezug der Wochenstuben ab Ende April/Mai (werden häufig gewechselt), 10–30 Weibchen.
Geburten Ende Juni bis Anfang Juli. 1 Junges, Anfang bis Mitte August flugfähig; Auflösung der Wochenstuben Ende August. Die Männchen leben im Sommer einzeln.

▲ Höchstalter: 21 Jahre.
▲ Jagd und Nahrung: Fliegt erst nach Einbruch der Dunkelheit aus, gaukelnder Flug, auch auf engstem Raum sehr geschickt. Jagt niedrig (1–5 m), nimmt auch Beute von Zweigen oder vom Boden (?) auf.
Fängt Nachtfalter, Mücken, Käfer.
▲ Laute: Bei Bedrohung dumpfes Summen oder Zirpen, im Flug keine hörbaren Laute.
Ortungslaute (Suchflug): Es

können 2 Lauttypen unterschieden werden: I. Steil abfallende, kurze fm-Laute von 80 → 38 kHz; Dauer 2–2,5 ms (siehe Sonagramm Seite 209). Ruffolge alle 65–100 ms (etwa 10–15 Laute/s).

II. Flacher, längerer fm-Laut von 60 → 32 kHz; Dauer 4–5 ms (siehe Sonagramm Seite 209). Ruffolge alle 100–110 ms (etwa 9–10 Laute/s).

▲ Weitere Abbildungen: Seite 32, 199, 203.

Teilalbinotische Bechsteinfledermaus mit weißen Flügelspitzen.

Schutz:

In der BRD und Österreich gefährdet, in der DDR stark gefährdet, seltene Art. Da nirgends häufig, gezielter Schutz bekannter Wochenstuben wichtig, Anbringen von Fledermauskästen.

Großes Mausohr *Myotis myotis*
(Borkhausen, 1797)

E Greater mouse-eared bat F Grand murin

Kopf – Rumpf (65) 67 – 79 (84) mm
Schwanz (40) 45 – 60 mm
Unterarm 54 – 67 (68) mm
Ohr 26 – 31 mm
Spannweite 350 – 430 mm
Condylobasallänge (21,5) 22 – 24 mm
Gewicht (20) 28 – 40 g

▲ Kennzeichen: Groß. Schnauze kurz und breit, Ohren lang und breit, Außenrand mit 7 – 8 Querfalten, Ohrvorderrand deutlich nach hinten gebogen, Ohrspitze breit. Tragus an der Basis breit, erreicht fast halbe Ohrlänge.
Fell dicht und kurz, Haarbasis schwarzbraun, Oberseite hell graubraun, z. T. mit rostbraunem Anflug. Unterseite weißgrau. Schnauze, Ohren und Flughäute braungrau. Jungtiere dunkler, rauchgrau ohne bräunliche Tönung. Flügel breit, Armflughaut setzt an Zehenwurzel an, Sporn erreicht etwa ½ Schwanzflughautlänge, schmaler Hautsaum.
▲ Färbungsanomalien: Teilalbinismus (weiße Flügelspitzen).
▲ Ähnliche Arten: Nur mit Kleinem Mausohr zu verwechseln, Ohr bei diesem deutlich schmaler und kürzer (unter 26 mm lang), vorderer Ohrrand verläuft mehr gerade, Ohr spitzer, Tragus schmaler. Schnauze schmaler und spitzer, wirkt länger, das ganze Tier wirkt graziler.
▲ Verbreitung: Mittel- und Südeuropa, fehlt in Irland, Dänemark und Skandinavien; in England praktisch ausgestorben; Nordgrenze von Frankreich, Belgien, Niederlande (vom Aussterben bedroht), BRD (nördlichster Fundort Husum, Schleswig-Holstein), DDR (nördlichstes Winterquartier Saßnitz/Insel Rügen), erreicht auch in Polen die Ostseeküste. Im Süden Balkan und Mittelmeergebiet.
▲ Biotop: Wärmeliebende Art. Im Norden Haus-, im Süden Höhlenfledermaus. Offenes Gelände, lichte, baumbestandene Landschaft, Parks; im Norden an menschliche Siedlungen gebunden. Meist in Höhen unter 600 m, im Sommer bis 1923 m (Col de Bretolet, Schweiz), Winter bis 1460 m (Tatra).
Sommerquartiere (Wochenstuben) im Norden auf warmen Dachböden, Kirchtürmen (Temperatur bis 45 °C), selten in warmen unterirdischen Räumen; im Süden in Höhlen. Einzeltiere auch in Nistkästen oder Baumhöhlen.
Winterquartiere in Höhlen, Stollen, Kellern. Temperatur (3) 7 – 12 °C. Hängt fast immer frei, oft jedoch geschützt in Deckenschächten, Mauerlücken oder Kolken in der Höhlendecke, sel-

Großes Mausohr. Fühlen sich Fledermäuse bedroht, reißen sie das Maul weit auf und zeigen ihre spitzen Zähne; häufig äußern sie dabei auch Abwehrlaute.

Großes Mausohr.

ten in engen Spalten. Bildet häufig Cluster (bis über 100 Tiere). Früher in einigen Winterquartieren bis 4500 Tiere, jetzt selten mehr als einige 100 Tiere.

Winterschlaf von September/Oktober bis Anfang März/April. Die Weibchen erscheinen vor den Männchen im Quartier, Quartierwechsel im Winter möglich, Dauer der Winter-

schlafphasen bis zu 6 Wochen.
▲ Wanderungen: Wanderfähig, Entfernung Sommer–Winterquartier im Norden um 50 km, Wanderungen über 100 km nicht selten. Weiteste Wanderung 390 km (Spanien).
▲ Fortpflanzung: Ein kleiner Teil der Weibchen pflanzt sich schon im 1. Jahr fort.
Paarungen ab August, ein Männchen kann einen Harem (bis 5 Weibchen) haben; Paarungen im Winterquartier möglich. Wochenstuben bis in 1016 m Höhe; nördlichste Wochenstube in der DDR etwa 60 km von der Ostsee entfernt. Die Wochenstuben werden ab März bezogen, max. bis 2000 Weibchen. Männchen in dieser Zeit einzeln lebend, selten einzelne Männchen in Wochenstuben.
Geburten ab Anfang Juni, meist in den Morgenstunden; die Mütter fliegen am gleichen Abend allein zur Jagd aus. Junge werden in Gruppen abgesetzt, oft bleiben einige Weibchen bei ihnen zurück. Neugeborene rosa; an der Oberseite feine, kaum pigmentierte Haare. *1. Tag:* Gewicht um 6 g, Unterarm 22,6 mm. *11. Tag:* Gewicht 13 g, Unterarm 41,9 mm. *22. Tag:* Gewicht 18–19 g, Unterarm 55,4 mm. Augen öffnen sich am 4.–7. Tag, Behaarung am 22. Tag vollständig, bleibendes Gebiß am 30.–35. Tag ausgebildet, Flugfähigkeit mit 20–24 Tagen, mit 40 Tagen (Mitte Juli) selbständig. Hohe Jungensterblichkeit bei kalter Witterung (40% und mehr).
▲ Höchstalter: 22 Jahre. Durchschnittsalter 4–5 Jahre.
▲ Jagd und Nahrung: Ausflug meist erst bei Dunkelheit.
Jagt in Parks, in Feld- und Wiesenlandschaften, auch in Ortschaften. Langsamer Flug mit rudernden Flügelschlägen, 5–10 m hoch, z.T. aber auch dicht über dem Boden. Jagt häufig auch „zu Fuß“ am Boden.
Erbeutet überwiegend Laufkäfer, aber auch Maikäfer, Mistkäfer, Heuschrecken, Grillen, Nachtfalter, Spinnen.
▲ Laute: In den Wochenstuben lautes, schrilles Zetern und Kreischen, bei Bedrohung auch tiefes Summen (wie große Hummel), bei Störung im Winterschlaf langgezogenes, lautes Kreischen.
Ortungslaute (Suchflug): fm-Laute von 62 → 28 kHz (105 → 30 kHz). Dauer 2–3 ms; Ruffolge alle 50–90 ms (etwa 12–20 Laute/s) (siehe Sonagramm Seite 209).
▲ Weitere Abbildungen: Seite 30, 49, 61, 66, 67, 199, 202.

Schutz:

In der BRD und Österreich stark gefährdet, in der DDR zu den vom Aussterben bedrohten Tierarten gerechnet, jedoch in den letzten Jahren in vielen Gebieten Stabilisierung der Restpopulation. In Mitteleuropa fast überall in den letzten 20–30 Jahren Bestandsrückgang um 80% oder mehr.
Gezielter Schutz von Sommer- und Winterquartieren, kein Einsatz von für Warmblüter toxischen Holzschutzmitteln; Biotopschutz. In Quartieren Einflugöffnungen (30x30 cm) belassen, notfalls auch Schlitze ausreichend.

Kleines Mausohr *Myotis blythi* (Tomes, 1857)

E Lesser mouse-eared bat F Petit murin

Kopf–Rumpf (54) 62–71 (76) mm
Schwanz 53–59 (60) mm
Unterarm 52,5–59 (61,5) mm
Ohr 19,8–23,5 (26) mm
Spannweite 380–400 mm
Condylobasallänge 17,2–18,5 mm
Gewicht 15–28 g

▲ Kennzeichen: Ähnelt sehr dem Großen Mausohr, nur etwas kleiner. Ohren schmal und etwas kürzer als bei diesem, Ohrvorderrand weniger stark nach hinten gekrümmt, Ohr läuft spitzer aus; Tragus an Basis schmaler, lanzettförmig, erreicht fast halbe Ohrlänge; Ohraußenrand mit 5–6 Querfalten. Schnauze schmaler und spitzer als bei Großem Mausohr, wirkt dadurch länger.
Fell kurz, Haarbasis dunkelgrau. Oberseite grau mit bräunlicher Tönung. Unterseite grauweiß. Schnauze, Flughäute und Ohren hell graubraun, Tragus hell gelblichweiß. Armflughaut setzt an Zehenbasis an, Sporn erreicht etwa $^1/_2$ der Schwanzflughautlänge, am Sporn schmaler Hautsaum.

▲ Färbungsanomalien: Nicht bekannt.

▲ Verbreitung: Südeuropa und Mittelmeerraum; nördliche Verbreitungsgrenze: Spanien, SO-Frankreich, vereinzelt Schweiz und Österreich, ČSSR (Slowakei), Ungarn, Rumänien, Moldauische und Ukrainische SSR.

▲ Biotop: Wärmebegünstigte Gebiete mit lockerem Baum- und Buschbestand, Karstgebiete, Parks, auch Ortschaften; ökologische Unterschiede zum Großen Mausohr nicht genau bekannt; beide Arten kommen nebeneinander vor. Nachweise bis in 1000 m Höhe.
Sommerquartiere (Wochenstuben) vorwiegend in warmen Höhlen, häufig gemeinsam mit Langflügelfledermäusen und Hufeisennasen; beziehen aber auch warme Dachböden, hängen frei im First. Einzeltiere selten in Baumhöhlen.
Winterquartiere in Höhlen und Stollen. Temperatur 6–12°C, hängen überwiegend frei.

▲ Wanderungen: Offenbar

Schutz:

In Österreich vom Aussterben bedroht, auch in SO-Europa Hinweise auf Bestandsabnahme.
Schutz der Höhlen und sonstigen Quartiere erforderlich.

Kleines Mausohr.

Kleines Mausohr.

wanderfähige Arten. Weiteste Wanderung 600 km (Spanien).
▲ Fortpflanzung: Paarung im Herbst, wahrscheinlich auch bis Frühjahr. Ein Männchen kann einen Harem von Weibchen haben. Große Wochenstuben mit bis zu 5000 Tieren; auf Dachböden gemischte Wochenstuben mit Großem Mausohr bekannt. 1 Junges.
▲ Höchstalter: 13 Jahre.
▲ Jagd und Nahrung: Ausflug in später Dämmerung oder erst bei Dunkelheit. Flug langsam, gleichmäßig, auf engem Raum wendiger als Großes Mausohr; nimmt wahrscheinlich auch Nahrung vom Boden auf.
Erbeutet Nachtfalter und Käfer.
▲ Laute: Ähnlich Großem Mausohr; bei Abwehr lautes schrilles Zetern oder tiefes Summen.
▲ Weitere Abbildungen: Seite 199, 202.

Gattung: *Nyctalus* (Bodwich, 1825)

6 Arten, davon 3 in Europa. Mittelgroße bis große, robuste Waldfledermäuse mit braunem bis rotbraunem Fell. Ohren kurz, dreieckig; Tragus pilzförmig verbreitert. Sporn mit durch deutlich sichtbaren Steg geteiltem Epiblema. Flügel lang und spitz. 2 Zitzen.

Zahnformel $\frac{2\,1\,2\,3}{3\,1\,2\,3} = 34$

Großer Abendsegler *Nyctalus noctula* (Schreber, 1774)

E Noctule F Noctule

Kopf – Rumpf 60 – 82 (84,8) mm
Schwanz 41 – 60,6 mm
Unterarm 48 – 58 mm
Ohr 16 – 21,1 mm
Spannweite 320 – 400 mm
Condylobasallänge 17,4 – 19,9 mm
Gewicht (17) 19 – 40 (46) g

▲ Kennzeichen: Groß. Ohren breit, dreieckig, Spitze abgerundet, Außenrand mit 4–5 Querfalten, an der Basis stark verbreitert. Tragus kurz, pilzförmig. Bei offenem Maul in den inneren Mundwinkeln sichtbare Drüsenwülste.
Fell kurz, eng anliegend, Haare einfarbig. Oberseite im Sommer rostbraun glänzend. Unterseite mattes, helleres Braun. Nach Haarwechsel (August/September) Oberseite matt fahlbraun, z. T. leichter grauer Schimmer. Jungtiere auf der Oberseite mattbraun, insgesamt dunkler. Ohren, Schnauze und Flughäute schwarzbraun. Flügel lang und schmal, Armflughaut setzt an Ferse an, Sporn erreicht 1/2 der Schwanzflughautlänge; breites Epiblema mit sichtbarem Steg. Bei Erregung starker Moschusgeruch. Bei Störung in Tageslethargie Akinese, ähnlich Zwergfledermaus, möglich.
▲ Färbungsanomalien: Albinismus.
▲ Ähnliche Arten: Gegenüber Kleinem Abendsegler und Riesenabendsegler deutliche Größenunterschiede, Kleiner Abendsegler außerdem mit zweifarbigem Rückenhaar.
Breitflügelfledermaus: Dunkler,

Der Große Abendsegler (links) ist eine der größten Fledermausarten Europas. Die Kleine Bartfledermaus (rechts) dagegen gehört zu den kleinsten Arten.

Tragus nicht pilzförmig, Epiblema schmal, letzte 1–2 Schwanzwirbel frei.

▲ Verbreitung: Ganz Europa außer Irland, Schottland und N-Skandinavien. Erreicht im Norden etwa 60. Breitengrad, im Süden auch im Balkan- und Mittelmeergebiet.

▲ Biotop: Waldfledermaus; auch in größeren Parks; vorwiegend im Flachland, bei der Wanderung auch bis in 1923 m Höhe (Col de Bretolet, Alpen).

Sommerquartiere (Wochenstuben) in Baumhöhlen (Specht- und Fäulnishöhlen, Stammrisse), Einflugöffnung rund oder schlitzförmig, Durchmesser 6 cm, Höhlendurchmesser etwa 12 cm, Höhe des Einflugloches über dem Boden variiert von 1–20 m. Bezieht auch Fledermauskästen. Im Sommer auch in hohlen Betonlichtmasten und in Spalten zwischen Platten eines Neubaublockes beobachtet.

Winterquartiere in dickwandigen Baumhöhlen, tiefen Felsspalten, Mauerrissen von Häusern; in SO-Europa auch in Höhlen. Wurde in größeren Städten in Lüftungsschächten von Neubauten und in Kirchen angetroffen. In großen Winterquartieren bis 1000 Tiere. Temperatur niedrig, kurzzeitig auch um 0 °C.

Winterschlaf von Anfang Oktober/Mitte November bis Mitte März/Anfang April. Vor Winterquartieren in Fels- oder Mauerspalten sind auch bei Außentemperaturen unter 0 °C häufig laute, schrille Rufe zu hören, bei milderem Wetter fliegen einzelne Tiere aus. Abendsegler bilden in den Quartieren Cluster, sitzen z. T. dachziegelartig übereinander; in harten Wintern können in ungünstigen

Quartieren bis zu 50% der Tiere erfrieren.

▲ Wanderungen: Wandernde Art, in Mitteleuropa Herbstzug Anfang September/Mitte November, Hauptzugrichtung Südwesten. Weiteste Wanderung 930 km (in UdSSR 1600 km), zieht z. T. auch am Tage, wurde gemeinsam mit Schwalben beobachtet. In der DDR überwinternde Abendsegler stammen wahrscheinlich aus NO-Europa. Ob Teile der einheimischen Populationen ortstreu sind, ist fraglich.

▲ Fortpflanzung: Weibchen im 1. Jahr geschlechtsreif, gebären aber z. T. erst im 2. Jahr. Die Männchen nehmen im 2. Jahr an der Paarung teil.

Paarungszeit von August bis Oktober. Ein Männchen besetzt für mehrere Wochen ein Paarungsquartier (meist Baumhöhle), wehrt andere, geschlechtsreife Männchen ab, äußert am Eingang oder beim Flug im Revier Paarungsrufe, hat Harem von 4–5 (20) Weibchen, die 1–2 Tage beim Männchen bleiben. Nicht an Paarung teilnehmende Männchen leben in Gruppen. Ab April Männchen und Weibchen in Sommerquartieren, Weibchen ab Mitte Mai in Wochenstuben, 20–50 (bis 100) Weibchen, Männchen außerhalb der Wochenstuben in kleinen Gruppen.

Geburten Mitte Juni/Anfang Juli, in Mitteleuropa in der Regel 2 Junge, selten 3, in England meist 1. Zahl der Zwillingsgeburten ist im Südwesten am geringsten und steigt nach Nordosten. *Neugeborene:* Nackt, rosa gefärbt, Gewicht 7,5 g, Unterarm 20 mm. *11. Tag:* Gewicht 10 g, Unterarm 32 mm. *36. Tag:* Gewicht 15 g, Unterarm 45 mm. Augen öffnen sich zwischen 3.–6. Tag, mit 14 Tagen völlig grau bis silbergrau behaart, mit 36 Tagen Umfärbung in Braun. Flugfähigkeit ab. 4. Woche, bleibendes Gebiß ab 5.–7. Woche vollständig, dann Selbständigkeit.

▲ Höchstalter: 12 Jahre.

▲ Jagd und Nahrung: Ausflug früh, z. T. vor Sonnenuntergang. Dauer des Jagdfluges 1–1,5 Stunden, im Sommer oft 2. Jagdzeit vor Sonnenaufgang. Flug schnell (bis 50 km/h), hoch, 10–40 m (bis 70 m), geradlinig mit schnellen Wendungen und Sturzflügen, Flügel berühren sich im Flug fast unter dem Körper. Das Flugbild zeigt lange, schlanke, oft deutlich gewinkelte Flügel und keilförmige

Schutz:

In der BRD und Österreich gefährdet; in der DDR gefährdet, in geeigneten Biotopen jedoch nicht selten.
Bedrohung durch Fällen von Höhlenbäumen (Wochenstuben und Winterquartiere) und Zerstörung von Winterquartieren in Gebäuden. Steht nach Vernichtung des Winterquartiers nicht sofort ein günstiges Ausweichquartier zur Verfügung, müssen die Tiere in einer geeigneten Einrichtung (z. B. Zoologisches Institut) künstlich überwintert werden. Mangel an Höhlenbäumen für Wochenstubenquartiere kann durch Fledermauskästen ausgeglichen werden.

Schwanzflughaut, letztere im gespreizten Zustand mit glattem Hinterrand.
Jagt über Wiesen, Seen, Müllplätzen, auch über Baumkronen, Jagdrevier bis 6 km vom Quartier entfernt.
Erbeutet Nachtfalter, Maikäfer und andere größere Fluginsekten.
▲ Laute: An Wochenstuben oder Winterquartieren in Intervallen hohes lautes Zetern oder Zwitschern.
Ortungslaute (Suchflug): Es können 2 Lauttypen unterschieden werden (siehe Sonagramm Seite 210):
I. fm-Laut von 45 → 25 kHz. Dauer 6 ms; höchste Impulsintensität bei 25 kHz. Ruffolge alle 125 ms (= 8 Laute/s); Anwendung bei Jagd in geringer Höhe.

Großer Abendsegler. Wie bei allen Glattnasen-Fledermäusen ist bei geschlossenem Auge die Lidspalte kaum sichtbar.

II. Langer flacher Laut von 25 → 19 kHz. Dauer 25 ms; Ruffolge alle 300–400 ms (= 3 Laute/s). Anwendung bei Jagd über den Bäumen. Beide Lauttypen werden dann meist regulär alternierend genutzt. Sehr laute Rufe. Reichweite bis 150 m.
Sozialrufe: Im Flug laute, bis 50 m weit hörbare kurze metallisch klingende Rufe („zick" oder „bick"), die in unmittelbarer Nähe fast schmerzhaft sind; 32 → 17 kHz; in 110 ms 14mal auf- und abgehend.
▲ Weitere Abbildung: Seite 27.

Kleiner Abendsegler *Nyctalus leisleri* (Kuhl, 1818)

E Leisler's bat F Noctule de Leisler

Kopf-Rumpf 48–68 mm
Schwanz 35–45 mm
Unterarm (37) 39–46,4 mm
Ohr 12–16 mm
Spannweite 260–320 mm
Condylobasallänge 14,7–16 mm
Gewicht 13–20 g

▲ Kennzeichen: Mittelgroß. Ohrmuschel und Tragus wie Großer Abendsegler, Ohraußenrand mit 4–5 Querfalten; Schnauze etwas spitzer.
Fell kurz, Haare zweifarbig, Basis schwarzbraun. Oberseite rotbraun, meist etwas dunkler und weniger glänzend als bei Großem Abendsegler. Unterseite gelbbraun. Gesicht, Ohren und Flughäute schwarzbraun. Jungtiere insgesamt dunkler. Flügel lang und schmal, Flughäute entlang des Körpers und der Arme dicht behaart, Armflughaut setzt an Ferse an. Sporn und Epiblema wie Großer Abendsegler.
▲ Färbungsanomalien: Nicht bekannt.
▲ Ähnliche Arten: Großer Abendsegler: Größer, Haare einfarbig.
Rauhhautfledermaus: Kleiner, Tragus nicht pilzförmig.
▲ Verbreitung: Fast ganz Europa, aber im gesamten Gebiet sporadisch vorkommend, Irland, S-England, Frankreich, Niederlande, BRD, DDR, Polen, UdSSR. Erreicht im Norden offenbar nicht die Küste von Nord- und Ostsee, fehlt in Skandinavien. Im Süden Portugal, Spanien, Italien, Balkangebiet.
▲ Biotop: Waldfledermaus; ähnlich Großem Abendsegler, im Sommer bis 1923 m Höhe (Col de Bretolet, Alpen).
Sommerquartiere (Wochenstuben) in Baumhöhlen und Fledermauskästen, z.T. gemeinsam mit Großem Abendsegler, seltener auch in Spalten an Gebäuden.
Winterquartiere in Baumhöhlen, auch Spalten und Hohlräume an und in Gebäuden; überwintert in größeren Gruppen.
Winterschlaf von Ende September bis Anfang April.
▲ Wanderungen: Wandernde Art. Weiteste Wanderung 810 km, Zugrichtung wahrscheinlich von Osten nach Südwesten.
▲ Fortpflanzung: Eintritt der Geschlechtsreife nicht bekannt. Paarungszeit Ende August/September. Das Männchen hat Paarungsquartier und Harem mit bis zu 9 Weibchen. Wochenstubengröße in Baumhöhlen 20–50 Weibchen, in Gebäuden bis zu 500 Tiere (Irland).
Geburt ab Mitte Juni. 2 Junge.
▲ Höchstalter: 9 Jahre.
▲ Jagd und Nahrung: Ähnlich Großem Abendsegler. Ausflug

Kleiner Abendsegler.

kurz nach Sonnenuntergang. Flug schnell, hoch, auch mit Sturzflügen.
Fängt Nachtfalter, Käfer und andere Fluginsekten.
▲ Laute: Kurze, schrille Rufe ähnlich Großem Abendsegler.
▲ Weitere Abbildungen: Seite 197.

Kleiner Abendsegler.

Schutz:

In der BRD stark gefährdet; in der DDR seltene Art; in Österreich gefährdet.
Schutzmaßnahmen ähnlich Großem Abendsegler, Anbringen von Fledermauskästen.

Gattung: *Eptesicus* Rafinesque, 1820

30 Arten, davon 2 in Europa. Ohren und Schnauze schwarz, 1–2 Schwanzwirbel überragen Schwanzflughaut. Sporn mit schmalem Epiblema. Flügel relativ breit. 2 Zitzen.

Zahnformel $\frac{2\,1\,1\,3}{3\,1\,2\,3} = 32$

Breitflügelfledermaus *Eptesicus serotinus* (Schreber, 1774)

E Serotine F Sérotine commune

Kopf – Rumpf 62,6 – 82 mm
Schwanz (39) 46 – 54 (59) mm
Unterarm 48 – 57 mm
Ohr (12) 14 – 21,8 mm
Spannweite 315 – 381 mm
Condylobasallänge 18 – 21,2 mm
Gewicht 14,4 – 33,5 (35) g

▲ Kennzeichen: Groß, Ohr relativ kurz, fast dreieckig, hinterer Ohrrand schmal, 5 Querfalten, verläuft in Richtung Mundwinkel, endet vor diesem. Tragus erreicht etwa $\frac{1}{3}$ der Ohrlänge, leicht nach innen gebogen, oben abgerundet.
Fell lang, Haarbasis dunkelbraun. Oberseite dunkel rauchbraun, variiert etwas, Haarspitzen z. T. leicht glänzend. Unterseite gelbbraun; Grenze Oberseite/Unterseite unscharf. Jungtiere insgesamt dunkler. Ohren und Schnauze schwarz, Flughäute dunkel schwarzbraun. Flügel breit, Ansatz der Armflughaut an Zehenwurzel, letzte 1–2 Schwanzwirbel frei (4–5 mm), Sporn erreicht etwa $\frac{1}{3}$–$\frac{1}{2}$ der Schwanzflughautlänge, schmales Epiblema ohne sichtbaren Steg. Vom Temperament her ruhig.

▲ Färbungsanomalien: Mehrfach Albinismus beobachtet.

▲ Ähnliche Arten: Kaum zu verwechseln.
Nord- und Zweifarbfledermaus: Kleiner, Oberseite anders gefärbt.
Großer Abendsegler: Rotbraun, Tragus pilzförmig.

Großes und Kleines Mausohr: Oberseite mehr grau, Ohr und Tragus länger und anders geformt.

▲ Verbreitung: Ganz Europa, im Norden bis zum 55. Breitengrad (S-England, Dänemark, S-Schweden), im Süden Mittelmeer- und Balkangebiet, bis Kaukasus.

▲ Biotop: Hausfledermaus, vorwiegend im Flachland, im menschlichen Siedlungsraum mit Parks, Gärten, Wiesen, in Randgebieten von Großstädten. Nachweis bis 900 m Höhe (Sommer) bzw. 1100 m (Winter).

Breitflügelfledermaus.

Sommerquartiere (Wochenstuben) häufig im First von Dachstühlen, meist nicht frei hängend, sondern eher versteckt unter Dachlatten oder Balken. Einzeltiere (meist Männchen) auch in Balkenkehlen, hinter Fensterläden, selten in Vogel- oder Fledermauskästen, in Südosteuropa auch in Karsthöhlen. Winterquartiere in Höhlen, Stollen, Kellern, auch in tiefen Balkenkehlen von Dachstühlen, hinter Bildern in Kirchen, in Holzstapeln. Obwohl recht häufige Art, sind keine Massenquartiere bekannt, überwiegend werden einzelne Männchen gefunden, sowohl in Spalten eingezwängt als auch frei an Decke

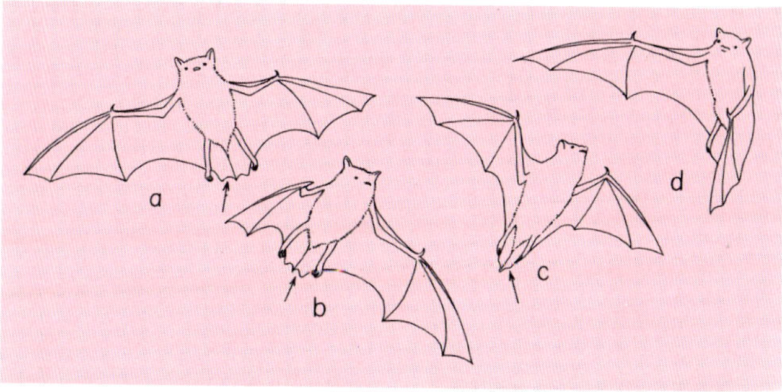

*Die etwa gleich großen Arten Breitflügelfledermaus (**a, b**) und Großer Abendsegler (**c, d**) lassen sich bei einiger Übung im Fluge unterscheiden: Der schnellere Abendsegler zeigt schmalere, oft deutlich gewinkelte Flügel und einen keilförmigen Schwanz; die Breitflügelfledermaus breite Flügel und einen kurzen, gerundeten oder vielzipfligen Schwanz (nach KLAWITTER und VIERHAUS, 1975).*

oder Wand hängend, wurden auch schon im Bodenschotter gefunden. Temperatur 2–4°C; Luftfeuchtigkeit relativ niedrig. Winterschlaf etwa von Oktober bis Ende März/April.

▲ Wanderungen: Schwer einzuordnen, wohl eher ortstreu. Nachweise von Wanderungen über 83, 145, 204 und 330 km sprechen aber ebenso für Wanderfähigkeit.

▲ Fortpflanzung: Geschlechtsreife bei den Weibchen im 1. Jahr (in UdSSR).

Paarungszeit ab Ende August; ob bis Frühjahr, nicht bekannt. Wochenstuben werden ab April/Mai bezogen, 10–50 (100) Weibchen; bei Störungen laufen die Tiere sehr schnell in die Hohlkehlen der Dachfirste. Die Männchen leben ganzjährig allein.

Geburten ab 2. Junihälfte, in Mitteleuropa 1 Junges (in Mittelasien 2, selten 3). *Neugeborene:* Gewicht 5,2–6,2 g, Unterarm um 21 mm. Gewicht verdoppelt sich etwa mit 10 Tagen. Längenwachstum des Unterarms mit etwa 5 Wochen abgeschlossen. Augen öffnen sich mit 7–8 Tagen, bleibendes Gebiß Ende der 3. Woche vollständig, dann auch Flugfähigkeit. Die Jungtiere sind mit etwa 5 Wochen selbständig (Ende Juli/Anfang August). Auflösung der Wochenstuben Ende August.

▲ Höchstalter: 19 Jahre 3 Monate.

▲ Jagd und Nahrung: Ausflug in früher Dämmerung. Flug langsam (15, max. 30 km/h), fliegt in 6–10 m Höhe in großen Kurven in Gärten am Waldrand, über Müllplätzen, um Straßenlaternen. Im Flug meist stumm, die breiten Flügel werden kaum angewinkelt, die Schwanzflughaut wirkt abgerundet, nicht keilförmig, dabei kurz und vielzipflig. Mitunter 2 Jagdzeiten in einer Nacht, Entfernung Quartier–Jagdrevier selten über 1 km.

Fängt neben Nachtfaltern auch Käfer. Da Breitflügelfledermäuse in Gefangenschaft auf imitier-

te Laufgeräusche von Käfern mit Suchverhalten reagieren, erscheint es möglich, daß sie auch Beute von Ästen oder vom Boden aufnehmen.
Fliegt auch bei leichtem Regen zur Jagd aus.

▲ Laute: Bei Abwehr laute, hohe „zirpende“ oder „zickende“ Laute.
Ortungslaute (Suchflug): fm-Laute von (67) 52 → 25 kHz. Dauer 13,5 ms (siehe Sonagramm Seite 210). Höchste Impulsintensität bei 25 kHz; Ruffolge alle 150 ms (=6,7 Laute/s); Reichweite 20–50 m.
▲ Weitere Abbildungen: Seite 23, 201, 205.

Breitflügelfledermaus.

Schutz:

In der BRD stark gefährdet, in der DDR und in Österreich gefährdet.
Besonders durch Störungen und Verluste von Wochenstubenquartieren bedroht, kein Einsatz von für Warmblüter toxischen Holzschutzmitteln.

Nordfledermaus *Eptesicus nilssoni*
(Keyserling et Blasius, 1839)

E Northern bat F Sérotine de Nilsson

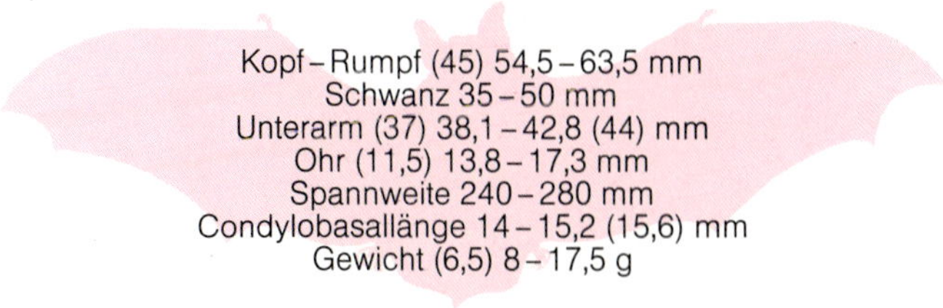

Kopf – Rumpf (45) 54,5 – 63,5 mm
Schwanz 35 – 50 mm
Unterarm (37) 38,1 – 42,8 (44) mm
Ohr (11,5) 13,8 – 17,3 mm
Spannweite 240 – 280 mm
Condylobasallänge 14 – 15,2 (15,6) mm
Gewicht (6,5) 8 – 17,5 g

▲ Kennzeichen: Mittelgroß. Ohren relativ kurz, hinterer Ohrrand mit 5 Querfalten, verbreitert sich zur Basis hin und erreicht fast den Mundwinkel; Tragus kurz, breit, leicht nach innen gebogen, oben abgerundet.

Fell lang, Haarbasis dunkelbraun. An der Oberseite goldglänzende Haarspitzen, auch auf Scheitel goldglänzende Haare; Nacken dunkler, nur hier relativ scharfe Grenze zur gelbbraunen Unterseite. Jungtiere insgesamt dunkler, Oberseite ohne Goldglanz, Haarspitzen wirken eher etwas silbrig, Bauch grau. Schnauze, Ohren und Flughäute schwarzbraun, Sporn erreicht etwa ½ der Schwanzflughautlänge, schmales Epiblema ohne sichtbaren Steg, letzter Schwanzwirbel frei (3 – 4 mm). Ansatz der Armflughaut an Zehenwurzel.

▲ Färbungsanomalien: Nicht bekannt.

▲ Ähnliche Arten: Alpenfledermaus: Kaum Größenüberschneidungen möglich, Tragus verbreitert sich nach oben, Ohrhinterrand kaum verbreitert, Bauch und Kehle mehr weiß.

Zweifarbfledermaus: Ohrhinterrand stark verbreitert, hat anderen Verlauf, Kehle weiß, Haarspitzen an der Oberseite silbrig, deutliches Epiblema mit sichtbarem Steg.

Breitflügelfledermaus: Größer, andere Färbung.

▲ Verbreitung: Nord-, Mittel- und Osteuropa; erreicht als einzige europäische Fledermaus den Polarkreis, ganz Skandinavien, Estnische und Litauische SSR; Süden der BRD, Schweiz, Österreich, ČSSR, Ungarn, Polen. In der DDR in Thüringen, Harz, Erzgebirge.

▲ Biotop: In Mitteleuropa meist im Gebirgsvorland oder mittleren Gebirgslagen, aufgelockerte Busch- und Waldgebiete, auch in Ortschaften, im Gebirge bis über 2290 m Höhe (Alpen), im Winter 2200 m in Höhlen), höchste bekannte Wochenstube 1660 m (Alpen).

Sommerquartiere in der Regel in Spalten, Wochenstuben häufig an oder in mit Schiefer oder Blech gedeckten Häusern, hinter Schornsteinverkleidunge[n], Fensterläden, in Spalten [...] Dachstuhl. Einzeltiere a[...] Baumhöhlen und Holz[...] Winterquartiere in [...]

Gattung: *Pipistrellus* Kaup, 1829

Etwa 48 Arten, davon 4 in Europa; klein, kurze Ohren, Tragus abgerundet, Sporn mit Epiblema, Schnauze, Ohren und Flughäute dunkel, Flügel relativ schmal; 2 Zitzen.

Zahnformel $\frac{2\,1\,2\,3}{3\,1\,2\,3} = 34$

Zwergfledermaus *Pipistrellus pipistrellus* (Schreber, 1774)

E Common pipistrelle

F Pipistrelle commune

Kopf–Rumpf (32) 36–51 mm
Schwanz (20) 23–36 mm
Unterarm 28–34,6 mm
Ohr 9–13,5 mm
Spannweite 180–240 mm
Condylobasallänge 11–11,8 mm
V. Finger 36–41 mm (Männchen), 42 mm (Weibchen)
Gewicht 3,5–8 g

▲ Kennzeichen: Kleinste europäische Fledermaus. Ohren kurz, dreieckig, Spitze abgerundet, äußerer Ohrrand 4–5 Querfalten, Tragus länger als breit, leicht nach innen gebogen, oben abgerundet.
Haarbasis dunkel- bis schwarzbraun. Oberseite rotbraun, kastanienbraun oder dunkelbraun. Unterseite gelbbraun bis graubraun. Schnauze, Ohren und Flughäute schwarzbraun. Jungtiere dunkler, mehr dunkel- bis schwarzbraun. Freier Flughautrand zwischen V. Finger und Fuß selten mit schmalem, unscharf begrenztem hellem Saum. Flügel schmal, Armflughaut setzt an Zehenwurzel an; Sporn erreicht etwa $^1/_3$ der Schwanzflughautlänge, Epiblema deutlich ausgebildet, sichtbarer Steg. Unterschenkel und Schwanzflughaut nicht behaart. P^1 klein, in der Zahnreihe nach innen gedrängt, I^2 meist kürzer als kleine Spitze von I^1. Im inneren Mundwinkel Drüsenwülste. Im Winterschlaf oder in Tageslethargie gestörte Tiere verfallen in eine Schreckstarre (Akinese). Zwergfledermäuse kleben häufig Kot an Wände, Scheiben etc.

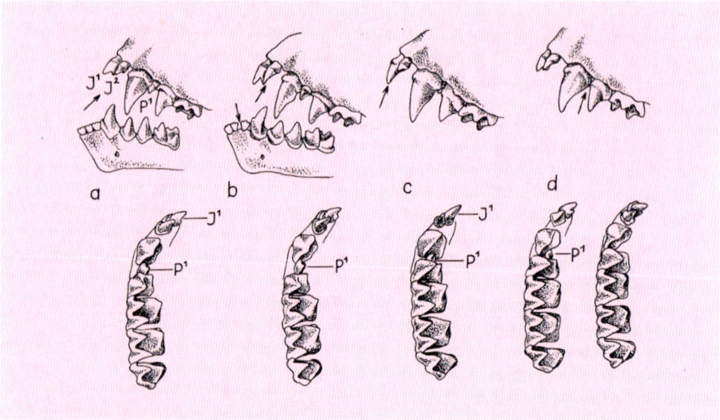

▲
Zahnreihen der Pipistrellus-Arten
(von außen und in der Aufsicht gesehen).
***a** Zwergfledermaus, **b** Rauhhautfledermaus, **c** Weißrandfledermaus, **d** Alpenfledermaus.*
***I** Schneidezähne (Incisivi), **P**[1] 1. Vorbackenzahn im Oberkiefer*
(Weitere Details vgl. Artbeschreibung und Bestimmungsschlüssel).

Zwergfledermaus. Der Vergleich mit dem menschlichen Daumen verdeutlicht, daß es sich um eines der kleinsten Säugetiere Europas handelt.
▼

▲ Färbungsanomalien: Teilalbinismus (Haut und Flughäute weiß, Fell gelbbräunlich aufgehellt, Augen dunkel).
▲ Ähnliche Arten: Rauhhautfledermaus: V. Finger länger, Schwanzflughaut an der Oberseite bis zur Mitte, an der Unterseite entlang der Unterschenkel behaart.
Weißrand- und Alpenfledermaus: Meist größer, Unterschiede in Färbung und Zahnmerkmalen beachten; bei Alpenfledermaus auch andere Tragusform.
Kleine Bartfledermaus: Ohr und Tragus völlig anders.
▲ Verbreitung: Fast ganz Europa, im Norden etwa bis 61. Breitengrad; Irland, England, S-Skandinavien, im Süden bis Mittelmeer- und Balkangebiet, im Osten bis Kaukasus.
▲ Biotop: Vorwiegend Hausfledermaus; sowohl in Dörfern als auch in Großstädten; ebenso in Parks und Wäldern. Wochenstuben meist unter 600 m, Tiere bis max. 2000 m Höhe beobachtet.
Sommerquartiere (Wochenstuben) in von außen zugängigen Spalten, hinter Bretterverschalungen, Wandverkleidungen, Fensterläden, an Fachwerkhäusern, auch in schmalen Fledermauskästen. Einzeltiere in kleinsten Mauerspalten, hinter Firmenschildern. Besiedelt auch geeignete Spalten an Neubauten.
Winterquartiere in Nord- und Mitteleuropa in großen Kirchen (bis 2000 Tiere), in alten Kalkbergwerken, tiefen Felsspalten, Mauerspalten, in Kellern. In Rumänien wurden in einer Höhle etwa 100000 Tiere in großen Clustern frei an der Decke gefunden. Relativ kälteunempfindlich, Temperatur 2–6°C, wechselt gelegentlich auch im Winter das Quartier; Dauer der Schlafphasen 1–4 Wochen.
Winterschlaf von Mitte November bis Anfang März/April.
▲ Wanderungen: Die meisten Populationen in Mitteleuropa sind ortstreu; Entfernung Sommer–Winterquartier kaum über 10–20 (–50) km. Weiteste Wanderung von zwei im Norden der DDR beringten Weibchen 770 km südwestlich bzw. 540 km südöstlich (bei der in der Literatur häufig erwähnten Wanderung über 1160 km von der Ukraine nach S-Bulgarien handelt es sich um eine Verwechslung mit der Rauhhautfledermaus). Warum einzelne Tiere weite Wanderungen unternehmen, ist nicht bekannt.
▲ Fortpflanzung: Weibchen und zum Teil Männchen im 1. Jahr, Männchen im 2. Jahr geschlechtsreif. Die Männchen besetzen bereits in Wochenstubenzeit einzelne feste Territorien und verteidigen sie in der Paarungszeit (Ende August – Ende September) gegen andere Männchen. Sie äußern während der Balzflüge besondere Sozialrufe und riechen stark nach Moschus. Die Weibchen suchen vorübergehend Paarungsquartiere auf. Ein Männchen hat einen Harem bis 10 Weibchen. Wochenstuben werden im April/Mai bezogen; gemeinsame Wochenstuben mit Rauhhautfledermaus möglich, 20–250 (–500) Weibchen.
Geburten Mitte Juni/Anfang Juli. In Mitteleuropa meist 2 Junge, Häufigkeit von Zwillingsgeburten nimmt von Westen und Süden nach Osten und Norden zu; in England in der Regel nur 1 Junges. *Neugeborenes:* Oberseite rosig, Gewicht 1–1,4 g, Unterarm 11–12 mm. *10.*

Tag: Unterarm 16–17 mm. *20. Tag:* Unterarm 23–25,5 mm. *30. Tag:* Gewicht 4–4,3 g, Unterarm 27–28,6 mm, Spannweite 170–180 mm. Augen mit 3–5 Tagen offen, bleibendes Gebiß mit 4 Wochen, Flugfähigkeit mit 3–4 Wochen. Wochenstuben werden von den adulten Weibchen Anfang August verlassen, von den Jungtieren erst Mitte bis Ende August; in dieser Zeit häufig sog. Invasionen in hohe, große Räume, auch in Wohnungen; z.T. sind bis 100 vorwiegend junge Zwergfledermäuse (Nachwuchs einer Wochenstube) beteiligt (Quartiersuche?).

▲ Höchstalter: 16 Jahre 7 Monate. Durchschnittsalter 2–3 Jahre.

▲ Jagd und Nahrung: Ausflug früh, z.T. vor Sonnenuntergang, im Spätherbst auch am Tage. Flug schnell, wendig, 5–10 m hoch.

Jagt 1–2 km vom Quartier entfernt über Teichen, an Waldrändern, in Gärten, um Laternen; hält bestimmte Flugbahnen ein. Fängt kleine Nachtschmetterlinge, Mücken u. a. Insekten. Rückflug oft schon nach 1–2 Stunden.

▲ Laute: Bei Beunruhigung schrilles Zetern.

Ortungslaute (Suchflug): 2 Lauttypen (siehe Sonagramm Seite 211):

I. Häufigster Typ kurzer fm-Laut von 80 → 58 kHz; 4–6 ms, kann mit reiner cf-Komponente enden; höchste Impulsintensität bei 58 kHz; Ruffolge alle 85 ms (= 12 Laute/s). Beim Gruppenflug kann der cf-Anteil zwischen Tieren in der Frequenz um 14 kHz auseinanderliegen.

II. Reiner cf-Laut von 51 kHz von 10 ms Dauer; Ruffolge alle 95 ms (= 10,5 Laute/s). Beide Lauttypen werden nicht alternierend gebraucht wie beim Großen Abendsegler. Reichweite 20 bis 50 m.

Sozialrufe: Undulierender lauter Knall zwischen 35 → 18 kHz, der in 35 ms 4mal auf und ab geht.

▲ Weitere Abbildungen: Seite 46, 55, 56, 69, 79, 201, 203, 207.

Zwergfledermaus. Unter der vorgewölbten Flughaut ist ein 1 Tag altes Jungtier verborgen, von dem nur Fuß und Unterarm sichtbar sind. Beachte, daß der Fuß des Jungen fast so groß ist wie der der Mutter.

Schutz:

In der BRD und Österreich gefährdet; in der DDR gefährdet, in vielen Gebieten jedoch stabile Populationen. In Nord- und Mitteleuropa noch eine der häufigsten Fledermausarten. Schutz der Wochenstubenquartiere. Bei Invasionen Tiere einfangen und freilassen, Einflugöffnung zum Invasionsquartier verschließen; oben offene Lampenschalen, Vasen, Rohre, defekte Doppelfenster kontrollieren („Fledermausfallen"). Katzen können am Quartier Fledermäuse fangen. Anbringen von Fledermausbrettern oder Fledermauskästen, Fensterläden belassen.

Rauhhautfledermaus *Pipistrellus nathusii*
(Keyserling et Blasius, 1839)
E Nathusius ' pipistrelle
F Pipistrelle de Nathusius

Kopf – Rumpf 46 – 55 (58) mm
Schwanz (30) 32,3 – 40 (44) mm
Unterarm 32 – 37 mm
Ohr 10 – 14 mm
Spannweite 230 – 250 mm
Condylobasallänge (12,1) 12,3 – 13,2 mm
V. Finger (42) 43 – 48 mm
Gewicht 6 – 15,5 g

▲ Kennzeichen: Klein. Ohr kurz, dreieckig, Spitze abgerundet, äußerer Ohrrand mit 4–5 Querfalten, Tragus kurz, leicht nach innen gebogen, Spitze abgerundet.
Haarbasis dunkelbraun. Oberseite im Sommer rot- bis kastanienbraun, nach Haarwechsel (Juli/August) mehr dunkelbraun, oft mit deutlichem grauen Überflug. Unterseite hellbraun bis gelbbraun. Schwanz, Ohren und Flughäute schwarzbraun. Jungtiere dunkelbraun ohne Grautöne. Flügel lang, freier Rand der Flughaut zwischen V. Finger und Fuß häufig mit schmalem, unscharfem hellem Rand, Armflughaut setzt an Zehenwurzel an. Schwanzflughaut an der Oberseite etwa bis zur Hälfte, an der Unterseite nur entlang der Unterschenkel behaart. Sporn erreicht etwa $^1/_3$ der Schwanzflughautlänge, Epiblema mit sichtbarem Knorpelsteg. P^1 gut entwickelt, von außen sichtbar, I^2 länger als kurze Spitze des I^1, am inneren Mundwinkel Drüsenwülste. Verfällt wie Zwergfledermaus in Akinese.

▲ Färbungsanomalien: Ein Tier mit aschgrauem Fell.

▲ Ähnliche Arten: Wie bei Zwergfledermaus, siehe dort.

▲ Verbreitung: Östliches Mittel- und Südeuropa; in England nur 2 Funde, im Norden Dänemark, S-Schweden, entlang der Ostseeküste bis in den Raum Leningrad; im Süden Mittelmeer- und Balkangebiet; auch auf Korsika; Kaukasus.

▲ Biotop: Waldfledermaus; sowohl in feuchten Laubwäldern als auch in trockenen Kiefernforsten, Parks; seltener in Siedlungen, Tiefland bevorzugt; auf dem Zug bis in 1923 m Höhe (Col de Bretolet, Alpen).
Sommerquartiere (Wochenstuben) in Baumhöhlen, flachen Fledermauskästen, Stammrissen, Spalten an Jagdkanzeln, seltener an Gebäuden; bevorzugt insgesamt Spalten; z. T. gemeinsame Wochenstuben mit Zwergfledermaus oder Großer Bartfledermaus.
Winterquartiere in Felsspalten, Mauerrissen, Höhlen, auch in Baumhöhlen.

▲ Wanderungen: Wandernde Art; etwa ab Mitte August/September wandert die gesamte, im Norden der DDR ansässige Population nach Südwesten (Frankreich, Schweiz, BRD), erscheint im April/Mai wieder im Sommerquartier. Mehrfach Wanderungen über 1000 km (max. 1600 km) nachgewiesen. Die Weibchen wandern im Herbst früher ab als die Männchen. In Polen, DDR, ČSSR bisher kein Winterquartier gefunden, dagegen in der BRD, Österreich, Schweiz.

▲ Fortpflanzung: Weibchen im 1. Jahr geschlechtsreif, Männchen erst im 2. Jahr.

Paarungszeit ab 2. Julihälfte–Anfang September; Hoden und Nebenhoden der Männchen sichtbar vergrößert; Schnauze seitlich durch Drüsenwülste aufgetrieben. Die Männchen haben Paarungsreviere, Harem von 3–10 Weibchen. Verhalten im Paarungsrevier ähnlich Zwergfledermaus. Die Wochenstuben werden April/Mai bezogen, 50–200 Weibchen. Junge Weibchen suchen im folgenden Jahr häufig ihre Geburtswochenstube auf. Große Reviertreue, jedoch Wechsel der Wochenstubenquartiere im Sommer mehrfach möglich.

Geburten in 2. Junihälfte, selten früher. 2 Junge. *Neugeborene:* Rosa gefärbt, Gewicht 1,6–1,8 g, Unterarm 12–13,5 mm. *10. Tag:* Gewicht 3,2–4,5 g, Unterarm 17,5–20 mm. *20. Tag:* Gewicht 5,2 g, Unterarm 28 mm. Augen öffnen sich mit 3. Tag; Flugfähigkeit mit etwa 4 Wochen; Muttertiere verlassen die Wochenstuben ab Mitte Juli und suchen die bis zu 15 km entfernt liegenden Paarungsquartiere auf.

Rauhhautfledermaus im rotbraunen Sommerfell.

▲ Höchstalter: 7 Jahre.

▲ Jagd und Nahrung: Ausflug in früher Dämmerung. Flug schnell, bei geradlinigem Flug z.T. tiefe Flügelabschläge; auf kleinem Raum nicht so wendig wie Zwergfledermaus.

Jagt in 4–15 m Höhe auf Schneisen, Wegen, an Waldrändern, auch über Wasser.

Rauhhautfledermäuse sind nach dem Haarwechsel im Winterfell mehr dunkelbraun gefärbt, zum Teil leicht grau überflogen.

Erbeutet kleine bis mittelgroße Fluginsekten.

▲ Laute: Bei Beunruhigung hohes, schrilles Zetern wie Zwergfledermaus; aus besetzten Fledermauskästen oft feines Wispern hörbar.

Ortungslaute (Suchflug): fm-Laute in cf-Anteil auslaufend, 70 → 38 kHz; Lautdauer 5 ms (siehe Sonagramm Seite 211); Ruffolge alle 100–125 ms (etwa 8–10 Laute/s).

▲ Weitere Abbildungen: Seite 24, 53, 154, 201, 203, 207.

Schutz:

In der BRD stark gefährdet; in Österreich gefährdet; in der DDR gefährdet, langjährig kontrollierte Populationen im Norden der DDR sind jedoch stabil. Sicherlich in vielen Gebieten häufiger als bisher angenommen, da der Nachweis nur bei gezielter Arbeit mit Waldfledermäusen (Fledermauskästen) gelingt.

Sehr erfolgreich ist das Anbringen schmaler Kästen oder von Fledermausbrettern an Jagdkanzeln.

Weißrandfledermaus *Pipistrellus kuhli* (Kuhl, 1819)

E Kuhl's pipistrelle F Pipistrelle de Kuhl

Kopf-Rumpf 40-47 (48) mm
Schwanz 30-34 mm
Unterarm 31-36 (37) mm
Ohr 12-13 mm
Spannweite 210-220 mm
Condylobasallänge 12-13,2 mm
Gewicht 5-10 g

▲ Kennzeichen: Klein, Ohren kurz, angedeutet dreieckig, oben abgerundet, Außenrand mit 5 Querfalten. Tragus verbreitert sich nach oben nicht, abgerundet, leicht nach innen gebogen.
Fellfärbung sehr variabel, Haarbasis dunkelbraun. Oberseite mittelbraun bis gelbbraun, auch hell zimtbraun. Unterseite hellgrau bis grauweiß. Ohren, Flughäute und Schnauze dunkel- bis schwarzbraun. Flügel relativ schmal; Ansatz der Armflughaut an Zehenwurzel; freier Rand der Armflughaut besonders zwischen V. Finger und Fuß mit 1-2 mm breitem weißem Rand, der nur in seltenen Fällen fehlt. Sporn mit durch sichtbaren Steg geteiltem Epiblema. I^1 einspitzig, I^2 sehr klein, P^1 nach innen verlagert, von außen nicht sichtbar. In den inneren Mundwinkeln Drüsenwülste.

▲ Färbungsanomalien: Eine seltene Farbvariante ist auf der Oberseite dunkel graubraun bis schwarzbraun. Unterseite wenig heller, Ohren und Flughäute fast schwarz, letztere ohne weißen Randstreifen; immer an Zahnmerkmalen zu bestimmen.

▲ Ähnliche Arten: Alpenfledermaus: Schwanzspitze frei, 3-5 mm, Tragus kürzer, verbreitert sich nach oben; I^1 zweispitzig. Rauhhaut- und Zwergfledermaus: I^1 zweispitzig, weitere Merkmale siehe dort.

▲ Verbreitung: Vor allem Südeuropa, Portugal, Spanien, S-Frankreich, Schweiz (Fortpflanzung nachgewiesen), Österreich, Italien, Jugoslawien, Griechenland, Mittelmeerinseln, im Osten bis Kaukasus.

▲ Biotop: Sowohl in der Ebene als auch in niedrigen Gebirgslagen; relativ eng an menschliche Siedlungen gebunden, aber auch in Karstgebieten. Nachweise bis in 1923 m Höhe (Col de Bretolet, Alpen).
Sommerquartiere (Wochenstuben) vorwiegend in Spalten an und in Gebäuden (Mauerrisse, Spalten unter dem Dach), Einzeltiere auch in Felsspalten.
Winterquartiere, soweit bekannt, in Felsspalten, Kellern.

▲ Wanderungen: Nicht bekannt, wahrscheinlich ortstreu.

▲ Fortpflanzung: Weibchen im 1. Jahr geschlechtsreif. Kleine Wochenstuben mit etwa 20 Weibchen. 2 Junge; sonst keine genauen Kenntnisse.

Weißrandfledermaus.

Ähnlichkeit mit Zwergfledermaus.
▲ Höchstalter: 8 Jahre.
▲ Jagd und Nahrung: Fliegt in später Dämmerung oder Dunkelheit aus. Jagt niedrig oder in mittlerer Höhe um Straßenlaternen, über Wasseroberflächen, in Gärten. Flug schnell und wendig. Erbeutet kleine Fluginsekten.
▲ Weitere Abbildungen: Seite 154, 201.

Schutz:

In Österreich gefährdet; Einschätzung des Gefährdungsgrades im Hauptverbreitungsgebiet kaum möglich.
Gezielter Schutz von bekannten Sommerquartieren.

Alpenfledermaus *Pipistrellus savii* (Bonaparte, 1837) = *Hypsugo savii* (Kolenati, 1856)

E Savi's pipistrelle F Pipistrelle de Savi

Kopf – Rumpf 40 – 54 mm
Schwanz 31 – 42,5 mm
Unterarm 30 – 36,5 (38) mm
Ohr (10) 12 – 15 mm
Spannweite 220 – 225 mm
Condylobasallänge 11,9 – 13,6 (14) mm
Gewicht 5 – 10 g

▲ Kennzeichen: Wird von Horáček und Hanák als eigene Gattung *Hypsugo* von der Gattung *Pipistrellus* abgetrennt, steht nach Merkmalen zwischen den Gattungen *Eptesicus* und *Pipistrellus*. Klein. Ohren breiter und runder als bei den anderen europäischen *Pipistrellus*-Arten, äußerer Ohrrand mit 4 Querfalten; Tragus kurz, verbreitert sich nach oben etwas, die Länge seines Innenrandes entspricht fast seiner größten Breite; an der Basis des Außenrandes zwei übereinanderstehende „Zähnchen", die abgerundete Tragusspitze ist nach innen gerichtet.

Fell relativ lang, Haarbasis schwarzbraun. Oberseite variabel von fahl gelbbraun oder goldbraun bis dunkelbraun mit goldglänzenden Spitzen. Unterseite hell weißgelblich bis grauweiß, deutlicher Kontrast zur Oberseite. Ohren und Schnauze schwarzbraun oder schwarz, deutlicher Kontras zur übrigen Färbung; Flughäute dunkelbraun. Armflughaut setzt an Zehenwurzel an, Sporn mit schmalem Epiblema, kein sichtbarer Steg; letzte 1–2 Schwanzwirbel frei (3–5 mm). I^1 zweispitzig, P^1 von außen nicht sichtbar, in der Zahnreihe nach innen verdrängt, fehlt bei 10–40% der Tiere völlig. Im Verhalten sehr lebhaft.

▲ Färbungsanomalien: Nicht bekannt.

▲ Ähnliche Arten: Weißrand-, Zwerg- und Rauhhautfledermaus: siehe dort.
Nordfledermaus: Ähnlich gefärbt, aber größer.

▲ Verbreitung: Vorwiegend Südeuropa, deutscher Name daher irreführend; Spanien, S-Frankreich, Jugoslawien, Bulgarien, Griechenland; in der BRD, DDR und in Österreich in letzten Jahrzehnten keine Nachweise, in der Schweiz Wochenstubennachweis.

▲ Biotop: Gebirgstäler, Almen, Karstgebiete, auf Mittelmeerinseln auch direkt an der Küste; auch im menschlichen Siedlungsraum; im Gebirge Nachweise bis 2600 m Höhe.
Sommerquartiere (Wochenstuben) häufig in Spalten in und an Gebäuden (Dachstuhl, Mauer-

risse, Höhlungen zwischen Ziegeln, Mauerlöcher), Felsspalten.
Winterquartiere in tiefer gelegenen Tälern in Felshöhlen, Spalten, wohl auch in Baumhöhlen.

▲ Wanderungen: Wegen Fehlens gezielter Untersuchungen nicht sicher zu beurteilen; wahrscheinlich wanderfähig, weiteste Wanderung über 250 km.

▲ Fortpflanzung: Kenntnisse sehr lückenhaft.
Paarungszeit etwa ab Ende August/September. Wochenstuben mit 20–70 Weibchen. Geburten Mitte Juni bis Anfang Juli, 2 Junge.

▲ Höchstalter: Nicht bekannt.

▲ Jagd und Nahrung: Ausflug kurz nach Sonnenuntergang. Flug gerade, ruhig, nicht sehr schnell, z. T. oberhalb der Häuser und Baumkronen.
Jagen fast die ganze Nacht. Auf Inseln in der Adria wurde Ausflug von Tieren aus Uferfelsen auch am Tage beobachtet, fliegen dann dicht über der Meeresoberfläche.
Erbeutet kleine Fluginsekten.

▲ Weitere Abbildungen: Seite 154, 201.

Alpenfledermaus.

Alpenfledermaus.

Schutz:

In der BRD als stark gefährdet, in Österreich als ausgerottet oder verschollen eingestuft. Genaue Einschätzung wegen der lückenhaften Kenntnisse nicht möglich.

Gattung: *Plecotus* Geoffroy, 1818

5 Arten, davon 2 in Europa. Ohren über 30 mm lang, vorn an der Basis durch eine Hautfalte miteinander verbunden; Nasenlöcher öffnen sich nach oben. Ortungslaute können bei geschlossenem Maul auch durch die Nase ausgesandt werden. Sporn ohne Epiblema.

Zahnformel $\frac{2\,1\,2\,3}{3\,1\,3\,3} = 36$

Braunes Langohr *Plecotus auritus* (Linnaeus, 1758)

E Common long-eared bat

F Oreillard septentrional

Kopf – Rumpf 42 – 53 (55,5) mm
Schwanz (32,5) 37 – 55 mm
Unterarm (35) 37 – 42 mm
Ohr 31 – 41 (43) mm
Spannweite 240 – 285 mm
Condylobasallänge (13,2) 14 – 15,6 mm
Gewicht 4,6 – 11,3 g

▲ Kennzeichen: Mittelgroß. Auffällig lange Ohren, Ohrmuschel dünn, 22–24 Querfalten, vorderer Ohrrand verbreitert, wimperartig behaart, in der Nähe der Basis mit knopfartigem Vorsprung. Ohren nur kurz vor dem Abflug und im Fluge aufgerichtet, sonst zusammengefaltet und nach hinten umgelegt (erinnern dann an Widderhörner); in Tageslethargie oder Winterschlaf zusammengefaltet unter die Flügel geklemmt. Der lange, lanzettförmige Tragus steht auch bei zusammengefaltetem Ohr nach vorn. Augen relativ groß; Schnauze seitlich aufgetrieben.
Fell locker, lang. Haarbasis dunkel graubraun. Oberseite hell braungrau, an der Grenze zur Unterseite am Hals seitlich meist hellerer, gelblich-brauner Fleck. Unterseite hellgrau, z. T. gelblich überhaucht. Lippen hell fleischfarben, Nase und Augenregion hellbraun, Ohren und Flughaut hell graubraun; Tragus gelblichweiß, nur zur Spitze hin

Braunes Langohr.

leicht hellgrau pigmentiert. Jungtiere fahlgrau ohne Brauntöne, dunkles Gesicht. Flügel breit, Armflughaut setzt an Zehenwurzel an, Sporn erreicht etwa $^1/_2$ der Schwanzflughautlänge. Füße groß, Daumen und Daumenkralle lang; Penis schmal, verjüngt sich am Ende.
Daumen > 6 (6,5–8,4) mm,
Daumenkralle (1,5) 2,5–3 mm, Abnutzungsgrad beachten!
Tragusbreite < 5,5 (4,5–5,2) mm,
Fuß 6,5–9,2 (11) mm.

▲ Färbungsanomalien: Partieller Albinismus (Flughaut und Teile der Ohren).

▲ Ähnliche Arten: Graues Langohr: Haarbasis dunkel, schiefergrau, Oberseite wirkt insgesamt grau; Schnauze, Oberlippe und Tragus grau; Maße von Daumen, Daumenkralle, Tragus und Fuß beachten.
Bechsteinfledermaus: Ohren kürzer, vorn an der Basis deutlich voneinander getrennt.

▲ Verbreitung: Fast ganz Europa, in N-Irland, England; in Skandinavien etwa bis 64. Breitengrad; in S-Spanien, S-Italien und Griechenland nicht nachgewiesen; Kaukasus.

▲ Biotop: Lockere Laub- und Nadelwälder im Tiefland und Mittelgebirge, auch in Parks und Gärten in Dörfern und Städten, jedoch nicht an menschlichen Siedlungsraum gebunden. Höchste Wochenstube 1660 m (Schweiz), sonst bis 2000 m Höhe, in der Regel jedoch tiefer. Sommerquartiere (Wochenstuben) in Baumhöhlen, Fledermaus- und Vogelkästen, auf Dachböden; Einzeltiere auch in Felshöhlen, hinter Fensterläden, Spalten an Gebäuden.

Winterquartiere in Kellern, Stollen, Höhlen, selten in dickwandigen Baumhöhlen. Temperatur 2–5 °C, für 1–2 Tage auch bis –3,5 °C; als relativ kälteharte Art meist näher am Höhleneingang als *Myotis*-Arten. Im Quartier in Spalten eingezwängt, auch tief in engen Rohren, hängt z. T. auch frei an der Wand, Flughäute hüllen teilweise Bauch und Brust ein. Meist einzeln, selten in kleinen Clustern (2–3 Tiere); auch gemischt mit anderen Arten.

Winterschlaf von Oktober/November bis Ende März/Anfang April.

▲ Wanderungen: Ortstreu, meist nur wenige Kilometer

Braunes Langohr (links) und Graues Langohr (rechts). Gut sichtbar sind die Unterschiede in der Fell- und Gesichtsfarbe sowie der Daumen- und Krallenlänge. Beide Tiere zeigen eine Schreckhaltung, in der sie sich ducken und die Ohren zurücklegen.

Schutz:

In der BRD stark gefährdet; in Österreich gefährdet; in der DDR nur lokal gefährdet.
Gezielter Quartier- und Biotopschutz, Anbringen von Fledermauskästen.

zwischen Sommer- und Winterquartier. Weiteste Wanderung 42 km.

▲ Fortpflanzung: Weibchen im 2. Jahr geschlechtsreif.
Paarungszeit Herbst (bis Frühjahr?). Wochenstuben April/Mai bezogen, 10–50 (100) Weibchen. Die Männchen leben im Sommer einzeln, nur selten in Wochenstuben. Wochenstuben auf Dachböden, kaum an einem Fleck, meist hängen die Tiere verstreut im First oder beziehen Spalten.
Geburten ab Mitte Juni. 1 Junges, selten 2, Augen mit 6. Tag geöffnet; um 11. Tag richten sich die Ohren auf; Flugfähigkeit Mitte bis Ende Juli. Im Herbst Einflüge (Invasionen) von bis zu 10 Tieren in Wohnungen möglich (Quartiersuche von Jungtieren).

▲ Höchstalter: 22 Jahre. Durchschnittsalter 4 Jahre.

▲ Jagd und Nahrung: Ausflug in später Dämmerung, meist jedoch erst bei Dunkelheit. Flug langsam gaukelnd, niedrig, kann rütteln, auf kleinstem Raum sehr geschickt.
Erbeutet Nachtschmetterlinge [vorwiegend Eulen (Noctuidae)], liest Raupen, Spinnen und andere Beute von Zweigen und anderen Unterlagen ab, erbeutet so auch Tagschmetterlinge (Tagpfauenauge, Kleiner Fuchs u.a.). Beute wird z.T. an Fraßplätzen gefressen, dort sind Flügelreste zu finden. Beobachtungen in Gefangenschaftshaltung ergaben Hinweise auf zusätzliche optische Wahrnehmungen von Beutetieren.

▲ Laute: Bei Abwehr relativ tiefes Zirpen oder Summen; im Frühjahr und Herbst im Flug Rufserien ähnlich „tzick-tzick“.
Ortungslaute (Suchflug): Leise, kurze fm-Laute von 83 → 26 kHz; Dauer 2 ms (siehe Sonagramm Seite 210). Höchste Impulsintensität bei 26, 42, 59 kHz; Ruffolge alle 50 ms (= 20 Laute/s). Geringe Reichweite bis 5 m. Langohren flüstern, hängt mit Jagdweise zusammen (rütteln oder kreisen vor Blättern und Zweigen). Bisweilen auch laute Knalle: 42 → 12 kHz; Dauer 7 ms; Ruffolge alls 180–200 ms (= 5,4 Laute/s).

▲ Weitere Abbildungen: Seite 35, 62, 197, 205, 207.

Graues Langohr *Plecotus austriacus* (Fischer, 1829)
E Grey long-eared bat
F Oreillard méridional

Kopf-Rumpf 41-58 (60) mm
Schwanz 37-55 (57) mm
Unterarm (35) 37-44,5 mm
Ohr 31-41 mm
Spannweite 255-292 mm
Condylobasallänge 15-17 (17,2) mm

Diese Art wurde erst 1960 durch BAUER für Mitteleuropa wiederentdeckt.

▲ Kennzeichen: Mittelgroß. Ohren wie Braunes Langohr, etwa 22-24 Querfalten, Schnauze länger und spitzer; Augen relativ groß.

Fell lang, Haarbasis dunkel schiefergrau. Oberseite wirkt vorwiegend grau, höchstens geringe bräunliche Tönung. Unterseite hellgrau. Schnauze und Oberlippe dunkelgrau, besonders um Augen graue Maske. Flughäute und Ohr grau; Tragus fast von der Basis an grau pigmentiert. Flügel breit, Ansatz der Armflughaut an Zehenwurzel, Sporn fast ½ der Schwanzflughautlänge. Daumen, Daumenkralle und Füße klein. Penisende verdickt.

Daumen $<$ 6 mm
Daumenkralle $<$ 2 mm
Fuß 6-8 mm
Tragusbreite $>$ 5,5 mm
Gewicht 5-13 g

Graues Langohr. Im Vergleich zu den meisten anderen europäischen Glattnasen haben Langohren relativ große Augen.

▲ Färbungsanomalien: Nicht bekannt.

▲ Ähnliche Arten: Braunes Langohr, entfernt auch Bechsteinfledermaus (Merkmale siehe dort).

▲ Verbreitung: Mittel- und Südeuropa, im Norden S-England, Frankreich, vereinzelt Belgien und S-Niederlande; in der BRD, DDR und Polen etwa bis 53. Breitengrad, erreicht Ostseeküste nicht. Mittelmeer- und Balkangebiet häufig, Kaukasus.

▲ Biotop: Wärmeliebend. Bevorzugt Kulturlandschaften, im Mittelgebirge in warmen Tallagen meist unter 400 m; im Norden weitgehend an menschliche Siedlungen gebunden (Hausfledermaus), meidet größere Waldgebiete. Im Sommer Nachweise bis in 1380 m Höhe (Schweiz), im Winter bis 1100 m. Sommerquartiere (Wochenstuben) in Gebäuden, teils frei im First, teils in Spalten und Balkenkehlen versteckt; z.T. im gleichen Quartier wie Großes Mausohr und Kleine Hufeisennase. Einzeltiere auch in Höhlen.
Winterquartiere in Höhlen, Kellern, Stollen, z.T. gemeinsam

*Flugbild des Grauen Langohr.
Da die Langohren auch durch die Nasenlöcher Ortungslaute aussenden können, ist das Maul geschlossen.*

mit Braunem Langohr. Temperatur 2–9°C (12°C). Häufiger als Braunes Langohr frei an der Wand hängend, aber auch in Spalten; meist einzeln, selten 2–3 Tiere zusammen.
Winterschlaf von September/Oktober bis März/April.
▲ Wanderungen: Ortstreu, Entfernung Sommer–Winterquartier unter 20 km. Weiteste Wanderung 62 km.
▲ Fortpflanzung: Kenntnisse lückenhaft, kleine Wochenstuben, meist nur 10–30 Weibchen, hängen einzeln, z.T. in kleinen Gruppen mehr oder weniger versteckt auf Dachböden; bisher kein Fund einer Wochenstube in Baumhöhle oder Fledermauskasten.
Geburten Mitte/Ende Juni. 1 Junges.
▲ Höchstalter: 14½ Jahre.
▲ Jagd und Nahrung: Ausflug bei Dunkelheit. Flug wie Braunes Langohr, sehr geschickt. Jagt häufig im freien Luftraum, auch um Straßenlaternen. Fängt vorwiegend Nachtfalter, Zweiflügler, kleine Käfer; Absammeln der Beutetiere von Ästen noch nicht sicher belegt. Hat Fraßplätze.
▲ Laute: Zirpende oder summende Töne bei Beunruhigung.
▲ Weitere Abbildungen: Seite 62, 168, 197, 205, 207.

Schutz:

In der BRD stark gefährdet; in Österreich gefährdet; in der DDR gefährdet, seltener als Braunes Langohr.
Schutz der Wochenstuben (Holzschutzmaßnahmen mit für Warmblüter nicht toxischen Mitteln), Biotopschutz.

Gattung: *Barbastella* Gray, 1821

2 Arten, davon 1 in Europa.

Zahnformel $\frac{2\ 1\ 2\ 3}{3\ 1\ 2\ 3} = 34$

Mopsfledermaus *Barbastella barbastellus* (Schreber, 1774)

E Barbastelle F Barbastelle

Kopf – Rumpf 45 – 58 mm
Schwanz (36) 38 – 52 mm
Unterarm 36,5 – 43,5 mm
Ohr 12,1 – 18 mm
Spannweite 262 – 292 mm
Condylobasallänge 12 – 14,7 mm
Gewicht 6 – 13,5 g

▲ Kennzeichen: Mittelgroß. Schnauze mopsartig gedrungen, Nasenlöcher öffnen sich nach oben. Ohrmuscheln breit, öffnen sich nach vorn; innere Ohrränder an der Basis in der Mitte miteinander verwachsen. Äußerer Ohrrand mit 5–6 Querfalten, etwa in der Mitte auffallender, knopfartiger, wie angesetzt wirkender Hautlappen, der auch fehlen kann (in der ČSSR etwa nur bei einem Drittel der Tiere voll ausgebildet; in Polen, der Litauischen SSR und der DDR bei über 90% aller Tiere). Tragus dreieckig, mit lang auslaufender, abgerundeter Spitze. Augen klein, Mundspalte sehr schmal, Zähne klein. Fell lang, seidig, Haarbasis schwarz. Oberseite wirkt schwarzbraun mit weißlichen oder gelblich-weißen Spitzen, dadurch wie bereift. Unterseite dunkelgrau, nackte Teile des Gesichtes und der Ohren schwarz, Flughäute graubraun bis schwarzbraun. Flügel schmal, lang; Armflughaut setzt an Zehenwurzel an; Sporn erreicht etwa $\frac{1}{2}$ der Schwanzflughautlänge, schmales Epiblema mit Knorpelsteg. 1 Paar Zitzen. Flugfähige Jungtiere etwas dunkler, aber auch schon mit weißlichen Rückenhaarspitzen.

▲ Färbungsanomalien: Teilalbinismus häufig (ČSSR).

▲ Ähnliche Arten: In Mitteleuropa unverwechselbar, im Kaukasus soll die sehr ähnliche, etwas größere (Unterarm 41,2–45 mm, Condylobasallänge 14,2–14,9 mm) asiatische Art *Barbastella leucomelas* sympatrisch mit *Barb. barbastellus* vorkommen. Entgegen der Ansicht von KUSJAKIN und anderen Autoren ist das Fehlen des Hautlappens am äußeren Ohrrand nicht zur Unterscheidung beider Arten geeignet, da es auch bei *Barb. barbastellus* vorkommt. Der Artstatus von *B. leucomelas* wird von vielen Autoren angezweifelt, *B. leucomelas* wird von ihnen lediglich als Unterart von *B. barbastellus* angesehen.

▲ Verbreitung: Europa von S-England bis Kaukasus, in Norwegen und Schweden etwa bis 60. Breitengrad. In den meisten Gebieten nicht zahlreich; in Teilen Spaniens, Italiens und des Balkans fehlen Nachweise.

▲ Biotop: Bevorzugt waldreiche Vorgebirgs- und Gebirgsregionen, auch in Ortschaften. Nachweise im Sommer bis in 1923 m Höhe (Col de Bretolet, Alpen), höchste Wochenstube 1100 m (ČSSR).

Sommerquartiere (Wochenstuben) in Spalten an Gebäuden, häufig hinter Fensterläden. Einzeltiere auch in Baumhöhlen, Nistkästen oder der Eingangszone von Höhlen.

Winterquartiere in Höhlen, Stollen, Kellern; kälteharte Art. Temperatur 2–5 °C, seltener bis –3 °C oder tiefer. Im Quartier oft in Eingangsnähe zu finden. Sowohl in engen Spalten als auch frei an der Wand oder Dekke, mitunter in großen Clustern. In großen Winterquartieren (W-Polen) bis über 1000 Tiere, in vielen Quartieren auffälliges Überwiegen der Männchen.

Winterschlaf von Oktober/November bis März/April.

▲ Wanderungen: Wanderfähig. Weiteste Wanderungen bis 300 km, meist aber weniger.

▲ Fortpflanzung: Weibchen im 2. Jahr geschlechtsreif. Paarungen im Herbst, auch im Winterquartier. Wochenstuben oft nur 10–20 Weibchen, selten bis 100. Männchen in dieser Zeit in kleinen Gruppen außerhalb der Wochenstuben. Sehr empfindlich gegen Störungen!

Geburten ab Mitte Juni; in der Regel 2 Junge.

▲ Höchstalter: 23 Jahre.

▲ Jagd und Nahrung: Ausflug in früher Dämmerung. Flug schnell, gewandt.

Jagt in Höhe der Baumkronen an Waldrändern, in Gärten und Alleen.

Erbeutet kleine, zarte Insekten (Nachtfalter, Zweiflügler, kleine Käfer), kann größere Insekten mit hartem Chitinpanzer wegen der schmalen Mundspalte und des schwachen Gebisses nicht bewältigen.

▲ Laute: Bei Beunruhigung hohes Zirpen, auch dumpfes Summen.

Ortungslaute (Suchflug) 2 Lauttypen (siehe Sonagramm Seite 211):

I. Lauter, kurzer cf/fm-Laut von 35 → 28 kHz, Dauer 4 ms.

II. Leiser, kurzer cf/fm-Laut von 43 → 33 kHz. Dauer 5,2 ms.

Beide Laute beginnen mit einem cf-Anteil von 1–1,5 ms Dauer. Höchste Impulsintensität bei 35–30 bzw. bei 43 kHz; Ruffolge alle 110–120 ms (= 8–9 Laute/s).

▲ Weitere Abbildungen: Seite 19, 53, 67, 201, 205.

Mopsfledermaus. Am äußeren Ohrrand saugen sich bei dieser Art häufig kleine orangefarbene Milben fest.

Mopsfledermaus.

Schutz:

In der BRD vom Aussterben bedroht; in Österreich gefährdet; in der DDR stark gefährdet. Ursachen für den z.T. extremen Rückgang der Populationen nicht genau bekannt, evtl. drastische Verschlechterung des Nahrungsangebotes durch Insektizid-Einsatz.
Gezielter Biotopschutz, vor allem der bekannten Wochenstuben und Winterquartiere.

Gattung: *Miniopterus* Bonaparte, 1837

10 Arten, davon 1 in Europa.

Zahnformel $\frac{2\,1\,2(3)\,3}{3\,1\,3\quad 3} = 36\ (38)$

Langflügelfledermaus *Miniopterus schreibersi* (Kuhl, 1819)

E Schreiber's bat F Minioptère

Kopf – Rumpf (48) 50 – 62 mm
Schwanz (47) 56 – 64 mm
Unterarm (44) 45,4 – 48 mm
Ohr 10 – 13,5 mm
Spannweite 305 – 342 mm
Condylobasallänge 14,5 – 15,5 mm
Gewicht 9 – 16 g

▲ Kennzeichen: Mittelgroß. Sehr kurze Schnauze, gewölbte Stirn, Ohren kurz, dreieckig, weit auseinanderstehend, überragen den Scheitel des Kopfes nicht, 4–5 Querfalten; Tragus kurz, nach innen gebogen, an Spitze abgerundet. Rückenfell lang.
Fell am Kopf kurz, dicht, aufrechtstehend, Oberseite von Graubraun bis Aschgrau, z.T. mit leichtem lila Schimmer. Unterseite etwas heller Grau. Erwachsene Tiere in Rumänien und Bulgarien haben einen deutlich abgesetzten gelb- bis zimtbraunen Kehlfleck, sowie ähnlich gefärbte Stirnhaare, diese Färbung fehlt bei den insgesamt grauer (ohne Brauntöne) gefärbten Jungtieren. (Unterart *Miniopterus schreibersi inexpectatus,* Heinrich 1936). Schnauze, Ohren und Flughäute graubraun, Tragus gelblichweiß, z.T. hellgrau pigmentiert (Jungtiere?). Flügel lang und schmal, 2. Glied des III. Fingers etwa 3mal so lang wie 1. Glied; in Ruhe werden der III. und IV. Finger im Gelenk zwischen 1. und 2. Glied nach innen eingeschlagen, diese Haltung wird meist auch

noch bei passiv ausgebreiteten Flügeln beibehalten (die anderen Glattnasen beugen alle Glieder des III. bis V. Fingers bei zusammengelegtem Flügel im Grundgelenk). Armflughaut setzt an Ferse an. Füße relativ lang, ebenso Schwanz, Sporn erreicht etwa $\frac{1}{3}$ bis $\frac{1}{2}$ der Schwanzflughautlänge, kein Epiblema. Im Verhalten sehr ruhig.

▲ Färbungsanomalien: Albinismus.

▲ Ähnliche Arten: In Europa unverwechselbar.

▲ Verbreitung: Süd- und Südosteuropa; erreicht im Norden Spanien, Frankreich, Schweiz, Österreich, ČSSR (Slowakei), Ungarn, im Mittelmeer- und Balkangebiet weit verbreitet; Kaukasus;

▲ Biotop: Höhlenfledermaus; sowohl in der Ebene als auch im Gebirge (bis 1000 m Höhe), Karstgebiete.

Sommerquartiere (Wochenstuben) in Höhlen, im Norden des Verbreitungsgebietes gelegentlich in großen Dachräumen.

Winterquartiere in Höhlen. Temperatur 7–12°C, frei an der Wand oder Decke hängend, z.T. in Clustern, Winterquartiere können selbst im Winter gewechselt werden.

Winterschlaf von Oktober (?) bis Ende März.

▲ Wanderungen: Zumindest im Norden wandernde Art. Winterquartiere liegen bis 100 km und mehr weiter südlich als Sommerquartiere. Weiteste Wanderung 350 km.

▲ Fortpflanzung: Weibchen im 2. Jahr geschlechtsreif. Begattung im Herbst; im Gegensatz zu allen anderen europäischen Fledermäusen sofort Befruchtung, Embryonalentwicklung ruht aber im Winterschlaf, setzt erst im Frühjahr wieder ein, Tragzeit daher 8–9 Monate.

Wochenstuben oft mit mehr als 1000 Weibchen; häufig auch Männchen in den Wochenstuben.

Langflügelfledermaus.

Geburten Ende Juni/Anfang Juli. 1 Junges, selten 2; die Weibchen sollen auch fremde Jungen säugen.

▲ Höchstalter: 16 Jahre.

▲ Jagd und Nahrung: Ausflug kurz nach Sonnenuntergang. Flug sehr schnell (50–55 km/h), erinnert an Schwalben- oder Seglerflug.

Jagt in 10–20 m Höhe in freiem Gelände, oft weit vom Quartier entfernt.

Erbeutet Nachtfalter, Mücken, Käfer.

▲ Laute: Bei Abwehr schrilles, kurzes Zetern; bei Ruhe in einer Gruppe tiefe, wispernde Laute, erinnern an Kontaktlaute kleiner Gänse- oder Entenküken.

▲ Weitere Abbildungen: Seite 197, 205.

Langflügelfledermaus. Beachte bei diesem aus den Rhodopen (Bulgarien) stammenden erwachsenen Tier den zimtbraunen Kehlfleck und den aufgehellten Tragus (Unterart: Miniopterus schreibersi inexpectatus).

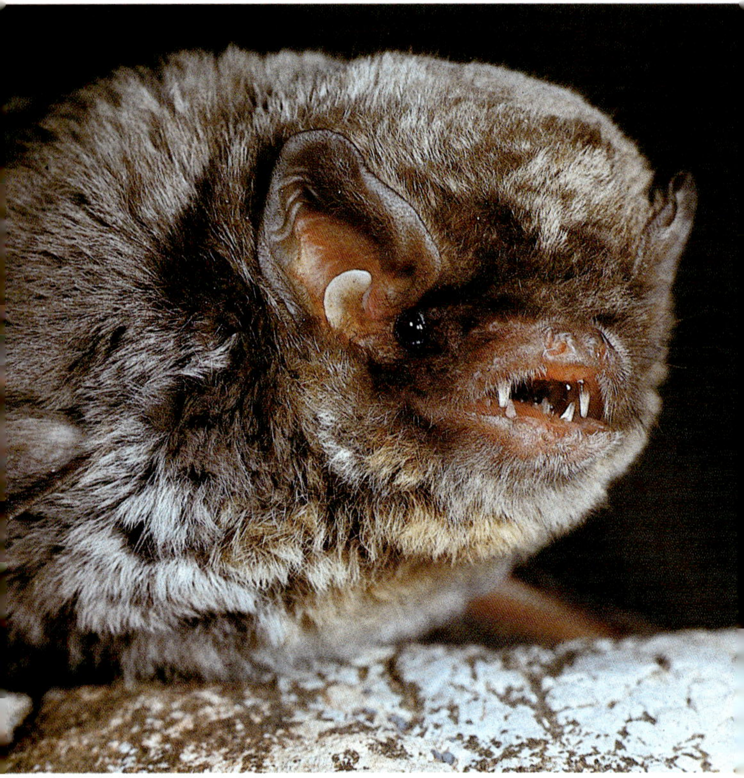

Schutz:

In der BRD als gefährdeter Vermehrungsgast eingeordnet; in Österreich vom Aussterben bedroht. Offenbar sehr empfindliche Art; in Frankreich und der Schweiz sind große Kolonien ausgestorben.
Gezielter Quartierschutz erforderlich.

Familie Bulldoggfledermäuse
(Molossidae)
Gattung: *Tadarida* Rafinesque, 1814

52 Arten, davon 1 in Europa.

Zahnformel $\frac{1\,1\,2\,3}{3\,1\,2\,3} = 32$

Europäische Bulldoggfledermaus
Tadarida teniotis
(Rafinesque, 1814)

E European free-tailed bat

F Molosse de Cestoni

Kopf – Rumpf 81 – 92 mm
Schwanz 44 – 57 mm
Unterarm 57 – 64 mm
Ohr 27 – 31 mm
Spannweite um 410 mm
Condylobasallänge 20,9 – 24 mm
Gewicht 25 – 50 g

▲ Kennzeichen: Sehr groß. Ohren lang, breit, überragen nach vorn Augen und Gesicht, berühren sich vorn an der Basis; hinterer Ohrrand etwa in Augenhöhe verbreitert, dort fast viereckiger, auffälliger Hautlappen (Antitragus). Schnauze lang, Oberlippe mit 5 Falten, Nasenlöcher öffnen sich nach vorn, Augen groß. Fell kurz, fein, weich, fast maulwurfsartig. Oberseite schwarzgrau bis rauchgrau, mit bräunlichem Schimmer. Unterseite etwas heller grau. Ohren, Schnauze und Flughäute schwarzgrau. Jungtiere insgesamt mehr grau gefärbt. Schwanzflughaut kurz, Schwanz ragt zu $1/3$ bis $1/2$ frei aus der Flughaut hervor, Sporn ohne Epiblema. Flügel sehr schmal, lang; Armflughaut setzt an Ferse an. Tiere riechen intensiv nach einer Mischung von Bisam und Lavendel. Können gut laufen und in Spalten klettern. Beine kurz und kräftig.

Europäische Bulldoggfledermaus.

▲ Färbungsanomalien: Nicht bekannt.

▲ Ähnliche Arten: In Europa unverwechselbar.

▲ Verbreitung: Südeuropa, Mittelmeeraum, Nachweise (oft nur Einzelfunde) in Portugal, Spanien, S-Frankreich, Schweiz, Italien, Jugoslawien, Bulgarien, Griechenland, Mittelmeerinseln.

▲ Biotop: Felsfledermaus, sowohl im Gebirge mit steilen Felswänden und Schluchten als auch in Ortschaften. Nachweise bis 1923 m Höhe (Col de Bretolet, Alpen).
Sommerquartiere in Felsspalten, auf Mittelmeerinseln auch in Spalten von Uferfelsen, Höhlendecken, Spalten an Gebäuden.
Winterquartiere nicht bekannt. Es ist unklar, ob ein längerer Winterschlaf gehalten wird.

▲ Wanderungen: Wahrscheinlich wanderfähige oder wandernde Art.

▲ Fortpflanzung: Kenntnisse unzureichend. Weibchen wahrscheinlich mit 1. Jahr geschlechtsreif.
1 Junges, nach 6–7 Wochen selbständig.

▲ Höchstalter: Nicht genau bekannt, über 10 Jahre.

▲ Jagd und Nahrung: Ausflug z. T. schon in früher Dämmerung, meist aber erst später. Flug hoch, schnell gradlinig; benötigt freien Luftraum. Jagt z. T. auch über Wasserstellen, dort im Kreis fliegend.
Erbeutet Fluginsekten.

▲ Laute: Im Flug lautes, scharfes „tsick“, auch pfeifende Töne. **Ortungslaute** (Suchflug): cf-Laute, weitgehend frequenzkonstanter langer Ton von ca. 20 ms Dauer, geringer Frequenzabfall von 18 auf 10 kHz (siehe Sonagramm Seite 211). Ruffolge offenbar unterschiedlich (1–4 Laute/s).

▲ Weitere Abbildungen: Seite 24, 197.

Schutz:

Da Lebensweise nur sehr lückenhaft bekannt, keine gezielten Hinweise möglich.

Europäische Bulldoggfledermaus.

Bestimmungsschlüssel europäischer Fledermäuse

Der Schlüssel geht von den äußeren Merkmalen lebender, erwachsener Fledermäuse aus und ermöglicht die Bestimmung aller europäischen Arten, getrennt nach Familien. An Hilfsmitteln sind lediglich eine Lupe und ein Lineal (besser Meßschieber) erforderlich. In jedem Fall kann zusätzlich auf die Abbildungen im Textteil zurückgegriffen werden. Die Reihenfolge der angegebenen Merkmale entspricht etwa ihrer Zuverlässigkeit für die Bestimmung.
Junge Fledermäuse (Epiphysen beachten, siehe Zeichnung) sind meist dunkler und stumpfer gefärbt. Ihre Bestimmung sollte in Zweifelsfällen durch einen Spezialisten erfolgen.

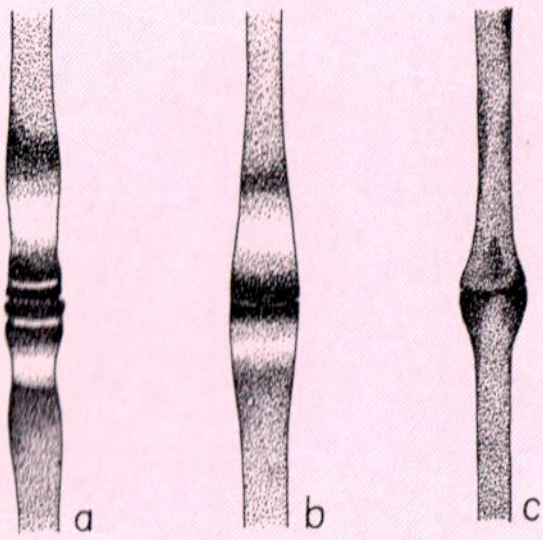

*Grad der Ossifikation der Epiphysen von Mittelhand- und Fingerknochen bei **a** Jungtieren, **b** halberwachsenen Tieren, **c** erwachsenen Fledermäusen (nach Gromov, 1963).*

Bestimmung der Familien

A – Nase mit häutigen Aufsätzen (Hufeisen, Sattel, Lanzette) (Bild 1); Ohr ohne Tragus (Bild 2a, 2b). –
Fam. Hufeisennasen (Rhinolophidae) 187

B – Nase ohne Aufsätze; Ohr mit Tragus (z. B. Bild 3); Schwanz völlig oder bis auf die letzten beiden Wirbel (ca. 4–5 mm) in die Schwanzflughaut einbezogen (z. B. Bild 5). –
Fam. Glattnasen (Vespertilionidae) 188

– Schwanz ragt zu 1/3 bis 1/2 aus der Schwanzflughaut hervor; unterer Ohrhinterrand (Antitragus) mit markanten Lappenbildungen (Bild 2i); keine Nasenaufsätze. –
n. Bulldoggfledermäuse (Molossidae) 193

A. Familie Hufeisennasen

1a – oberer Sattelfortsatz im Profil stumpf (Bild 1b, d). 2
1b – oberer Sattelfortsatz im Profil spitz und stets länger als unterer Sattelfortsatz (Bild 1f, h, j) 3
2a – Unterarm länger als 50 mm, Nasenaufsatz Bild 1a, b
Große Hufeisennase (*Rhinolophus ferrumequinum*), S. 92
2b – Unterarm kürzer als 43 mm, Nasenaufsatz Bild 1c, d
Kleine Hufeisennase (*Rhinolophus hipposideros*), S. 88
3a – zweites Glied des IV. Fingers mehr als doppelt so lang wie erstes (Bild 6k)
– unterer Sattelfortsatz von vorn gesehen breit, gerundet;
– Querfalte unter der Lanzette von vorn gesehen in der Mitte ohne Einbuchtung (Bild 1e, g) 4
3b – zweites Glied des IV. Fingers höchstens doppelt so lang wie erstes;
– unterer Sattelfortsatz von vorn gesehen schmal, gerundet;
– Querfalte unter der Lanzette von vorn gesehen in der Mitte leicht eingebuchtet (Bild 1i).
– Lanzette verschmälert sich nach oben mehr oder weniger gleichmäßig (Bild 1i). Sattel im Profil Bild 1j
Blasius Hufeisennase (*Rhinolophus blasii*), S. 98
4a – Lanzette verschmälert sich nach oben mehr oder weniger gleichmäßig (Bild 1e);
– oberer Sattelfortsatz im Profil spitz, nach vorn gekrümmt, deutlich länger als unterer (Bild 1f);
Mittelmeerhufeisennase (*Rhinolophus euryale*), S. 95
4b – Lanzette verschmälert sich nach oben ab der Mitte plötzlich und läuft in dünne Spitze aus (Bild 1g);
– oberer Sattelfortsatz im Profil rel. stumpf und nur wenig länger als unterer (Bild 1h);
– um die Augen herum oft einige auffällige dunkle Haare („Brille“);
Mehely Hufeisennase (*Rhinolophus mehelyi*) S. 100

B. Familie Glattnasen

1a – Ohren vorn an der Basis durch eine Hautfalte miteinander verbunden (Bild 2g, 4i)
– Nasenlöcher öffnen sich nach oben (Bild 2g, h; 4h, i)
Gattung *Barbastella* und *Plecotus*. 2

1b – Ohren weit voneinander getrennt (z. B. Bild 3)
– Nasenlöcher öffnen sich nach vorn (z. B. Bild 3)
Gattungen *Myotis, Miniopterus, Eptesicus, Pipistrellus, Nyctalus, Vespertilio* 4

2a – Ohren über 30 mm lang, viele Querfalten, in Ruhe zusammengelegt. 3

2b – Ohren kurz und breit, in der Mitte des äußeren Ohrrandes knopfartiger Vorsprung, der auch fehlen kann (Bild 4h, i),
– Rückenfell schwarzbraun mit hellen Spitzen, bereift wirkend,
– Sporn mit Epiblema, durch Steg geteilt (Bild 6a)
Mopsfledermaus (*Barbastella barbastellus*), S. 173

3a – Tragus fast von der Basis an grau pigmentiert, über 5,5 mm breit (Bild 2h)
– Daumen unter 6 mm, Daumenkralle kurz, ca. 2 mm (Bild 7h),
– Gesicht mit dunkler, die Augen einschließender Maske, Gesichtshaut grau pigmentiert (Bild 2h),
– Rückenfell überwiegend grau, Rückenhaare an Basis dunkel schiefergrau; Unterseite grauweiß, ohne bräunliche Tönung. Penisende verdickt (Bild 7d)
Graues Langohr (*Plecotus austriacus*), S. 170

3b – Tragus hell, zur Spitze hin schwach pigmentiert, unter 5,5 mm breit (Bild 2g)
– Daumen über 6 mm, Kralle lang und spitz, 2,5 – 3 mm (Bild 7g)
– Gesichtshaut mehr bräunlich-fleischfarben, nur an Augen dunkler Pigmentfleck, keine dunkle Maske (Bild 2g)
– Rückenfell mehr graubraun, Rückenhaare an Basis dunkelbraun, Unterseite grauweiß mit bräunlicher Tönung. Penisende nicht verdickt (Bild 7c)
Braunes Langohr (*Plecotus auritus*), S. 166

4a – Sporn mit Epiblema (z. B. Bild 6c),
– Tragus kurz, gebogen, an Spitze abgerundet (z. B. Bild 4a) oder pilzförmig verbreitert (z. B. Bild 2e).
Gattungen *Nyctalus, Pipistrellus, Eptesicus, Vespertilio*. . . 5

4b – Sporn ohne Epiblema (z. B. Bild 5e), wenn schmaler Hautsaum vorhanden (Bild 5c), dann Tragus lanzettförmig zulaufend, erreicht etwa halbe Ohrlänge oder ragt darüber hinaus (z. B. Bild 3g)
Gattungen *Myotis, Miniopterus*. 14

5a – letzter Schwanzwirbel überragt Flughaut max. 1 mm (Bild 5g)
– Epiblema breit mit sichtbarem Steg 9
5b – letzte 1–2 Schwanzwirbel überragen die Flughaut 4–5 mm,
– Epiblema schmal, meist ohne sichtbaren Steg (Bild 6b)....................................... 6
6a – Unterarm über 47 mm,
– Rückenfell dunkelbraun, z. T. glänzend, jedoch ohne Goldglanz, Unterseite gelblich-braun, keine scharfe Grenze zwischen Ober- und Unterseite,
– Epiblema schmal, ohne sichtbaren Steg, Schwanzflughaut (Bild 6b), Ohr mit schmalem Hinterrand, der vor dem Mundwinkel endet (Bild 4f).
Breitflügelfledermaus (*Eptesicus serotinus*), S. 143
6b – Unterarm max. 47 mm
– Rückenfell bei adulten Tieren mit hellgelben oder weißen Spitzen 7
7a – Ohrhinterrand mit breiter Falte, die unter die Linie des Mundwinkels hinabführt und an diesem endet (Bild 4g),
– Epiblema breit, mit sichtbarem Steg,
– Rückenhaare an der Basis dunkelbraun, durch weißliche Haarspitzen wie bereift wirkend, Unterseite weißlich scharf von der Oberseite abgesetzt,
– Weibchen haben 4 Zitzen,
– Unterarm 40–47 mm
Zweifarbfledermaus (*Vespertilio murinus*), S. 150
7b – Ohrhinterrand mit schmaler Falte, die in Richtung Mundwinkel führt und vor diesem endet (Bild 4 d, e),
– Epiblema ohne sichtbaren Steg,
– Rückenhaare an der Basis dunkelbraun, Spitzen gelblich oder mit Goldglanz 8
8a – Tragus deutlich länger als breit, leicht gebogen (Bild 4 e),
– Epiblema schmal,
– Rückenfell mit Goldglanz, Unterseite gelblich-braun, zur Oberseite nur an Kehle deutlicher abgesetzt,
– Unterarm 38–44 mm,
Nordfledermaus (*Eptesicus nilssoni*), S. 147
8b – Tragus kurz, verbreitert sich nach oben etwas (Bild 4d), Länge seines Vorderrandes entspricht fast seiner größten Breite, an der Basis des Außenrandes zwei übereinanderstehende Zähnchen,
– Ohren und Gesicht schwarz, starker Kontrast zu den hell bräunlich-gelben Spitzen des Rückenfelles und der fast weißen Unterseite,
– Unterarm 30–38 mm,
Alpenfledermaus (*Pipistrellus savii*), S. 163
9a – Tragus verbreitert sich nach oben pilzförmig (Bild 2d, e, f),
– Unterarm über 38 mm,............................ 12
9b – Tragus verbreitert sich nach oben nicht pilzförmig,
– Unterarm unter 38 mm, ... 10

10a – Zähne: I^1 in der Regel einspitzig, I^2 sehr klein, P^1 von außen nicht sichtbar, nach innen verlagert (siehe Bild Seite 154)
– scharf begrenzter, ca. 2 mm breiter, weißer Streifen am Rand der Armflughaut zwischen V. Finger und Bein (Achtung: dunkel-graubraune Tiere ohne weißen Flughautrand kommen vor!),
– Ohren braun (Bild 4c),
Weißrandfledermaus (*Pipistrellus kuhli*), S. 161

10b – I^1 zweispitzig (Bild Seite 154 a,b)
– Armflughaut ohne weißen Rand oder nur schwach weißlich aufgehellt
– Ohren schwärzlich (Bild 4a, b). 11

11a – Unterarm 32–37 mm,
– V. Finger über 42 mm (Weibchen), bzw. 41 mm (Männchen),
– P^1 gut entwickelt, von außen sichtbar, I^2 länger als die kurze Spitze des I^1 (Bild Seite 154 b),
– Oberseite der Schwanzflughaut bis zur Mitte behaart (Bild 5k), Ohr (Bild 4a)
Unterseite nur entlang der Unterschenkel behaart
Rauhhautfledermaus (*Pipistrellus nathusii*), S. 158

11b – Unterarm 28–34,6 mm
– V. Finger bis 42 mm (Weibchen) bzw. 41 mm (Männchen)
– P^1 klein, nach innen gedrängt, von außen kaum oder nicht sichtbar, I^2 kürzer als die kleine Spitze des I^1 (Bild Seite 154a),
– Unterschenkel und Schwanzflughaut nicht behaart (Bild 5h), Ohr (Bild 4b)
Zwergfledermaus (*Pipistrellus pipistrellus*), S. 153

12a – Rückenfell braun, Haare zweifarbig, dunklere Basis, hellere Spitzen
– Unterarm 39–46,4 mm, Ohr Bild 2f,
Kleiner Abendsegler (*Nyctalus leisleri*), S. 138

12b – Rückenfell rotbraun, Haare einfarbig 13

13a – Unterarm 48–58 mm, Ohr Bild 2e,
Großer Abendsegler (*Nyctalus noctula*) S. 134

13b – Unterarm 63–69 mm, Ohr Bild 2d,
Riesenabendsegler (*Nyctalus lasiopterus*), S. 141

14a – sehr kleine, dreieckige Ohren, die den Scheitel des Kopfes nicht überragen (Bild 2c),
– Kopfhaare kurz, aufrecht stehend, deutliche Grenze zum anliegenden Rückenfell,
– III. und IV. Finger werden in Ruhe im Gelenk zwischen 1. und 2. Glied gebeugt (Bild 6j),
– zweites Glied des III. Fingers etwa 3mal so lang wie erstes,
Langflügelfledermaus (*Miniopterus schreibersi*), S. 177

14b – Ohren immer länger als breit, überragen den Scheitel des Kopfes (Bild 3),
– Tragus lanzettförmig, mehr oder weniger spitz zulaufend (Bild 3).
Gattung *Myotis*. 15

15a – Unterarm über 50 mm 16
15b – Unterarm unter 50 mm............................ 17
16a – Ohr über 26 mm, Vorderrand nach hinten gebogen, Ohrspitze relativ breit (Bild 3a)
– Schnauze lang, vorn relativ breit,
– Unterarm 54 – 67 mm,
Großes Mausohr (*Myotis myotis*), S. 129
16b – Ohr unter 26 mm, Vorderrand relativ gerade, Ohr schmaler, spitzer zulaufend (Bild 3b).
– Schnauze relativ kurz und spitz,
– Unterarm 52 – 61,5 mm,
Kleines Mausohr (*Myotis blythi*), S. 132
17a – Ohr über 20 mm (Bild 3e), reicht nach vorn umgelegt fast bis zur Hälfte über die Schnauzenspitze hinaus,
– Sporn gerade, mit schmalem Hautsaum, erreicht nicht die Hälfte des Schwanzflughautrandes, letzter Schwanzwirbel frei (Bild 5i)
– Unterarm 39 – 47 mm,
Bechsteinfledermaus (*Myotis bechsteini*), S. 126
17b – Ohr unter 20 mm, reicht nach vorn umgelegt höchstens 5 mm über die Schnauzenspitze hinaus 18
18a – Sporn S-förmig gebogen, etwa halb so lang wie Schwanzflughautrand, freier Rand der Schwanzflughaut runzelig und dicht mit kurzen, gekrümmten Borsten besetzt (Bild 5f),
– Tragus lang, hell gefärbt, lanzettförmig, größer als halbe Ohrlänge (Bild 3f),
Fransenfledermaus (*Myotis nattereri*), S. 123
18b – Sporn gerade oder nur einseitig leicht geschwungen (Bild z. B. 5c)..................................... 19
19a – Sporn nimmt etwa $^1/_3$ des Schwanzflughautrandes ein, bei $^2/_3$ bis $^3/_4$ Länge des Schwanzflughautrandes ist ein deutlicher Absatz, der das Spornende vortäuscht (Bild 5 d, e, n).
– Füße mit langen Borsten
– Ohrhinterrand ohne deutliche Einbuchtung (z. B. Bild 3e)..................................... 20
19b – Sporn nimmt max. $^1/_2$ des Schwanzflughautrandes ein, bei $^2/_3$ bis $^3/_4$ der Länge kein Absatz im Schwanzflughautrand (Bild 5c, b).
– Ohrhinterrand mit deutlicher Einbuchtung (Bild 3g, h, i) 22
20a – Armflughaut setzt noch vor der Ferse am Unterschenkel an (Bild 5o),
– Schwanzflughaut oben und unten von den Beinen an bis etwa zur Mitte (Höhe Spornende) dunkel flaumartig behaart, (Bild 5n, o)
– Rückenfell grau,
– Tragus leicht S-förmig gebogen, erreicht mindestens die halbe Ohrlänge, (Bild 5 m)
– Unterarm 38 – 44 mm,
Langfußfledermaus (*Myotis capaccinii*), S. 108

20b – Armflughaut setzt an der Ferse oder Mitte der Fußsohle an (Bild 5d, e),
– Schwanzflughaut oben ohne auffällige Behaarung,
– Tragus gerade, erreicht nicht die halbe Ohrlänge (Bild 3d, e),
– Rückenfell bräunlich, glänzend 21

21a – Unterarm 43 – 49,2 mm,
– Tragus deutlich kürzer als halbe Ohrlänge (Bild 3d),
– Schwanzflughaut an der Unterseite entlang der Unterschenkel bis zum Sporn fein weißlich behaart (Bild 5d),
– Armflughaut setzt an der Ferse an,
Teichfledermaus (*Myotis dasycneme*), S. 110

21b – Unterarm 33 – 42 mm,
– Tragus erreicht fast die halbe Ohrlänge (Bild 3e),
– Schwanzflughaut nicht behaart,
– Armflughaut setzt an Wurzel der 1. Zehe an (Bild 5e),
Wasserfledermaus (*Myotis daubentoni*), S. 104

22a – Tragus erreicht die Einbuchtung am Ohrhinterrand nicht (Bild 3i),
– Rückenfell lang, wollig, mit rötlichem Schimmer,
– Sporn ohne Hautsaum (Bild 5l),
Wimperfledermaus (*Myotis emarginatus*) S. 120

22b – Tragus überragt die Einbuchtung am Ohrhinterrand (Bild 3g, h)
– Fell dunkel-graubraun bzw. gelblichbraun mit Goldglanz,
– Sporn mit schmalem Hautsaum (Bild 5c) 23

23a – Penisende verdickt (Bild 7a)
– Ohren, Gesicht und Flughäute bräunlich, Basis des vorderen Ohrrandes und des Tragus hell fleischfarben (Bild 3g)
– Rückenfell bei adulten Tieren meist hellbraun mit Goldglanz,
– Nebenhöcker am P^3 höher oder gleich hoch wie P^2 (Bild Seite 119 links),
– P_2 nicht deutlich kleiner als P_1 (Bild Seite 119).
– Unterarm 33–39,2 mm,
Große Bartfledermaus (*Myotis brandti*), S. 119

23b – Penisende ohne Verdickung (Bild 7b),
– Ohren, Gesicht und Flughäute schwärzlich, Basis des vorderen Ohrrandes nicht aufgehellt (Bild 3 h)
– Rückenfell überwiegend graubraun bis schwarzbraun
– Nebenhöcker am P^3 niedriger als P^2, P_2 deutlich kleiner als P_1 (Bild Seite 119 rechts).
– Unterarm 31 – 37,7 mm,
Kleine Bartfledermaus (*Myotis mystacinus*), S. 116

C. Familie Bulldoggfledermäuse

In Europa nur 1 Art, **Europäische Bulldoggfledermaus** (*Tadarida teniotis*), Ohr Bild 2i; S. 181

Bildtafel 1
Nasenaufsätze der europäischen Hufeisennasen

a, b Große Hufeisennase

c, d Kleine Hufeisennase

e, f Mittelmeerhufeisennase

g, h Mehely Hufeisennase

i, j Blasius Hufeisennase

(Aufnahmen **a – h** E. GRIMMBERGER,
i, j H. HACKETHAL)